机械类"3+4"贯通培养规划教材

机械基础

主　编　高婷婷
副主编　姜　磊　李春香

科学出版社
北　京

内 容 简 介

本书在"学中做,做中学"的教学原则下,以职业能力培养为主线,精心选择理论知识内容,紧扣中职机械专业培养的要求,结合"3+4"贯通培养机械专业学生的就业需求编写而成。本书以机械专业的技能训练为引领,注重和强化实践教学,突出学生的认知和操作能力的培养,充分体现专业基础课为专业课服务的思想。

本书叙述了连接、机构、机械传动、支承零部件、液压传动的基础理论部分,还介绍了机械的节能环保与安全防护。书中内容以应用为主线,将相关学科内容有机结合,综合化程度高;提供了大量教学案例,提高了课程的学习深度。

本书适合中等职业学校机械类相关专业的学生使用。

图书在版编目(CIP)数据

机械基础/高婷婷主编. —北京:科学出版社,2019.2
机械类"3+4"贯通培养规划教材
ISBN 978-7-03-060427-9

Ⅰ.①机⋯ Ⅱ.①高⋯ Ⅲ.①机械学-中等专业学校-教材 Ⅳ.①TH11

中国版本图书馆 CIP 数据核字(2019)第 012808 号

责任编辑:邓 静 张丽花 王晓丽 / 责任校对:王萌萌
责任印制:张 伟 / 封面设计:迷底书装

科学出版社 出版
北京东黄城根北街 16 号
邮政编码:100717
http://www.sciencep.com

北京虎彩文化传播有限公司 印刷
科学出版社发行 各地新华书店经销

*

2019 年 2 月第 一 版　开本:787×1092　1/16
2019 年 2 月第一次印刷　印张:7 1/4
字数:182 000

定价:39.00 元
(如有印装质量问题,我社负责调换)

机械类"3+4"贯通培养规划教材编委会

主　任： 李长河

副主任： 赵玉刚　刘贵杰　许崇海　曹树坤
　　　　　韩加增　韩宝坤　郭建章

委　员：（按姓名拼音排序）

安美莉　陈成军　崔金磊　高婷婷

贾东洲　江京亮　栗心明　刘晓玲

彭子龙　滕美茹　王　进　王海涛

王廷和　王玉玲　闫正花　杨　勇

杨发展　杨建军　杨月英　张翠香

张效伟

前　言

随着社会现代制造技术的飞速发展，社会劳动力市场对高技能人才的需求量越来越大。为适应社会需求，结合山东省"3+4"贯通培养项目，本着培养卓越工程师的目的设置了本门课程。

《国家中长期人才发展规划纲要（2010—2020年）》对高技能人才队伍的发展提出如下目标：适应走新型工业化道路和产业结构优化升级的要求，以提升职业素质和职业技能为核心。随着科学技术的不断发展，教学内容不断完善，新的国家行业技术标准也相继颁布和实施。

本书充分考虑中等职业学校学生的特色，以机械专业所需高技能人才为对象，结合企业需求，确立"以能力为本"的指导思想。

（1）内容以对口升学考试大纲为依据，结合近几年招生考试的实际情况编写，针对性强。

（2）本书在呈现内容时尽可能多地结合图形、表格、实例等形式分析，直观性强，学生易于接受，有利于学生的自主学习，充分发挥学生学习的主观能动性。

（3）每章设置本章小结和习题，便于学生学习之后总结归纳。

本书力求用最少的篇幅、精练的语言，由浅入深，系统、完整地讲述机械人才需要掌握的理论知识和基本技能，使学生易懂、易记、易用，重点培养学生的操作技能，提高学生解决问题的能力。

根据教学计划安排，本书的参考授课学时为77学时，建议采用"理论实践一体化"教学模式，各部分的参考学时见下面的学时分配表。书中加※的章节为选学内容。

学时分配表

章节	学时
第1章	8
第2章	14
第3章	14
第4章	18
第5章	10
第6章	8
第7章	5

本书由高婷婷任主编，姜磊、李春香任副主编。高婷婷编写第4章、第5章、第6章；姜磊编写第2章、第3章、第7章；李春香编写第1章。编写过程中，编者参阅了国内外出版的有关教材和资料，在此一并表示衷心的感谢！

由于编者水平有限，书中不妥之处在所难免，恳请读者批评指正。

编　者

2018年9月

目 录

第1章 绪论 ... 1

1.1 机械概述 ... 1
1.2 机械的组成 ... 2
1.2.1 机器的结构 ... 2
1.2.2 机器的类型 ... 3
1.3 机械工程材料 ... 4
1.3.1 常用材料 ... 4
1.3.2 材料的选用原则 ... 4
1.4 摩擦与磨损 ... 5
1.4.1 摩擦 ... 5
1.4.2 磨损 ... 6
本章小结 ... 7
习题 ... 7

第2章 连接 ... 8

2.1 键连接 ... 8
2.1.1 键连接的功能和分类 ... 8
2.1.2 平键连接 ... 8
2.1.3 花键连接 ... 11
2.2 销连接 ... 12
2.3 螺纹连接 ... 13
2.3.1 螺纹的种类与应用 ... 13
2.3.2 螺纹的主要参数及标记 ... 15
2.3.3 螺纹连接及其预紧与防松 ... 19
※2.3.4 螺旋传动 ... 22
※2.4 弹性连接 ... 25
2.5 联轴器与离合器 ... 26
2.5.1 联轴器的分类 ... 26
2.5.2 联轴器的选用 ... 28
2.5.3 离合器 ... 29
2.5.4 离合器的选用 ... 29
本章小结 ... 29
习题 ... 30

第3章 机构 ... 31

3.1 运动副和构件 ... 31
3.1.1 运动副 ... 31
3.1.2 构件 ... 32
※3.1.3 平面机构的运动简图 ... 32

3.2 平面四杆机构 ... 34
3.2.1 铰链四杆机构的组成 ... 34
3.2.2 铰链四杆机构的基本形式 ... 34
3.2.3 铰链四杆机构类型的判定 ... 38
3.2.4 含有一个移动副的四杆机构 ... 38
3.2.5 平面四杆机构的基本特性 ... 40

3.3 凸轮机构 ... 42
3.3.1 凸轮机构的分类及应用 ... 42
3.3.2 凸轮机构运动分析 ... 43
3.3.3 凸轮机构的传力特性 ... 44

本章小结 ... 45
习题 ... 45

第4章 机械传动 ... 46

4.1 带传动 ... 46
4.1.1 带传动的组成与工作原理 ... 46
4.1.2 带传动的类型、特点和应用 ... 46
4.1.3 V带的结构与标准 ... 47
4.1.4 带轮的结构与材料 ... 47
4.1.5 带传动的传动比 ... 48
4.1.6 带轮的失效形式 ... 49
4.1.7 带传动的维护与安装 ... 49

4.2 链传动 ... 50
4.2.1 链传动的组成与工作原理 ... 50
4.2.2 链传动的类型、特点 ... 51
4.2.3 链传动的传动比与标记 ... 52
4.2.4 链传动的安装与维护 ... 52

4.3 齿轮传动 ... 54
4.3.1 齿轮传动的组成与工作原理 ... 54
4.3.2 齿轮传动的类型、特点和应用 ... 54
4.3.3 渐开线齿轮各部分名称及主要参数 ... 56
4.3.4 标准直齿圆柱齿轮的几何尺寸计算 ... 58
4.3.5 直齿圆柱齿轮正确啮合的条件 ... 59
4.3.6 齿轮传动的传动比计算 ... 59

    4.3.7　渐开线齿轮的切削原理与传动精度 ································ 60
    4.3.8　齿轮的结构及材料 ·· 62
    4.3.9　齿轮的失效形式、安装与维护 ·· 63
  4.4　蜗杆传动 ··· 65
    4.4.1　蜗杆传动的结构、类型与特点 ·· 65
    4.4.2　蜗杆传动的基本参数 ·· 66
    4.4.3　蜗杆蜗轮的结构形式及材料 ·· 68
    4.4.4　蜗杆传动的传动比计算与方向判断 ···································· 68
    4.4.5　蜗杆传动的失效与维护 ·· 69
  4.5　齿轮系与减速器 ·· 70
    4.5.1　齿轮系的组成、类型与特点 ·· 70
    4.5.2　定轴轮系的传动比计算与方向判断 ···································· 71
 本章小结 ··· 74
 习题 ·· 74

第 5 章　支承零部件 ·· 75

  5.1　轴 ·· 75
    5.1.1　轴的结构与特点 ·· 75
    5.1.2　轴的材料 ·· 77
    5.1.3　影响轴结构的因素 ·· 77
  5.2　滑动轴承 ··· 78
    5.2.1　滑动轴承的结构与特点 ·· 78
    5.2.2　轴瓦 ·· 79
    5.2.3　滑动轴承的材料 ·· 80
    5.2.4　滑动轴承的安装与维护 ·· 80
  5.3　滚动轴承 ··· 81
    5.3.1　滚动轴承的基本结构与特点 ·· 81
    5.3.2　滚动轴承的分类 ·· 82
    5.3.3　滚动轴承的代号 ·· 82
    5.3.4　滚动轴承的安装与维护 ·· 83
    5.3.5　滚动轴承常见的失效形式 ·· 84
 本章小结 ··· 84
 习题 ·· 84

第 6 章　液压传动 ·· 85

  6.1　液压传动概述 ·· 85
    6.1.1　基本概念及工作原理 ·· 85
    6.1.2　组成及特点 ·· 86
  6.2　常用液压原件 ·· 87
    6.2.1　液压泵 ·· 87

    6.2.2 液压缸 ··· 89
    6.2.3 液压控制阀 ·· 91
  6.3 液压基本回路 ··· 95
 本章小结 ··· 99
 习题 ·· 99

第 7 章 机械的节能环保与安全防护 ·· 100

  7.1 机械的润滑 ··· 100
    7.1.1 润滑剂 ·· 100
    7.1.2 润滑方法与润滑装置 ··· 101
  7.2 机械的密封 ··· 102
    7.2.1 密封的目的及要求 ·· 102
    7.2.2 密封的种类及应用 ·· 103
  7.3 机械环保与安全防护常识 ··· 104
    7.3.1 机械环保常识 ··· 104
    7.3.2 机械安全防护常识 ·· 106
 本章小结 ·· 107
 习题 ··· 107

参考文献 ··· 108

第1章 绪　　论

1.1 机械概述

机械始于工具，工具即简单的机械。最初制造的工具是石器，如石刀、石斧、石锤等。随着时代发展和社会进步，人类依靠自己的智慧使工具在种类、材料、工艺、性能等方面不断丰富、完善并日趋复杂，现代各种精密复杂的机械都是从古代简单的工具逐步发展而来的。

我国古代有许多机械发明，为社会的发展进步作出了卓越的贡献，甚至有些机械至今还在发挥着作用。最典型的古代机械有：辘轳、翻车、筒车等提水机械；水转连磨、水转大纺车等水力机械；指南车、计里鼓车以及各类车船交通机械；浑仪、简仪、水运仪象台、地动仪、铜壶滴漏等天文、观测和计时机械；耕、犁、耧车、扇车等农业机械；缫车、纺车、织机等纺织机械；弓、弩、发石机等军事机械；还有铸造、锻造、表面处理、切削加工等各种加工技术和加工机械等。这些机械与技术无一不透露出古代劳动人民的智慧和创造力。

机械拥有一个非常庞大的家族，内容广泛，种类繁多。但古希腊学者希罗关于五种简单机械(杠杆、斜面(尖劈)、滑轮、轮与轴、螺旋)的理论，至今仍有意义。这里所说的"简单机械"已经成为一个概念，而不能仅从字面理解为"简单的机械"。当你听到或看到"简单机械"时，一般是指这五种。不要认为它们是多么难以理解，儿时的你可能就常以它们为伴，"跷跷板""滑梯"以及各类玩具中，都有简单机械的影子。

杠杆是最基本的简单机械。杠杆原理是力学与机械的基础，力的平衡与力矩的平衡是诸多科学研究和工程技术分析中广泛应用的基本手段之一。仔细观察，在各种机械装置中都能找到杠杆的影子。以最简单的单支点撬杠为例，支点离重物越近，主动力臂相对越长，你就能用更小的力移动重物。

滑轮巧妙地运用了杠杆原理，把杠杆演化为可以连续转动的轮子。通过柔软的绳子将一套动滑轮(轴可以移动)和一套静滑轮(轴固定)组合成滑轮组，多圈绕合的绳子共同承担吊物的重量，拉动一根绳子就可以节省数倍的力量，使起重、运输等工作更加轻松。典型的例子是古代的滑车和现代的吊车。

摩擦力肯定给古人的运输工作造成了非常大的麻烦，当某天有一个人在运输的重物下装上了可以转动的轮子时，他肯定受到同伴们的热烈欢呼，其实他并没有意识到他已经巧妙地利用了摩擦力。轮与轴这种简单机械可能最早的应用就是车辆。现在，轮与轴的使用随处可见，车轮、转向盘、机器的旋钮以及操作手轮等发挥着重要的作用，而各种式样的轮(齿轮、链轮、蜗轮、凸轮、皮带轮等)与轴更加丰富了机械传动的内容。

斜面是实现物体靠自身重力自动移动的好方法，也是将重物运到高处的有效办法。当你的能力不能使你直接把重物提到高处时，一个斜面就能解决问题，这时，你只需克服重物在斜面方向的分力和摩擦力就行了。两个斜面所组成的形状称为尖劈，它提供了分割物体的基本工具，如刀、斧等。它的作用原理就是力的平行四边形法则，刀口切入的力分解为垂直两个斜面的非常大的分割力，把物体分开了。尖劈也可以用于紧固，如木器的楔子。螺旋就是卷成圆柱状的斜面,是大幅度节约占地空间的斜面,它广泛地应用于机械紧固与传动中,如螺钉、螺母、丝杠等。所以,还请同学们不要机械地理解"机械","机械"并不机械,"简单机械"也不简单。

1.2 机械的组成

一台单一的机器可以称为机械;一套复杂的成套设备也可以称为机械;一个机件可以是机械,多个构件组成的实现各种运动形式的机构也是机械。简单地说,机械就是实现某些工作任务的装备或器具,也是机器和机构的总称。

现代社会,人们的生活都离不开机器,人类通过长期的生产实践,创造和发展了机器。常见的机器有汽车、拖拉机、机床、内燃机、洗衣机等。

1.2.1 机器的结构

1. 机器

机器的种类很多,它们的构造、用途和功能各不相同,但仔细分析可以发现,它们都有以下共同特征。

(1)机器是人工的物体组合;
(2)各部分(实体)之间具有确定的相对运动;
(3)能够转换或传递能量和信息,代替或减轻人类的劳动。

同时具有上述三个特征的机械称为机器。

2. 机构

机构是人工的物体组合,各部分之间具有一定的相对运动。机器与机构的区别主要是:机器能完成有用的机械功或转换机械能,而机构只是完成传递运动、力或改变运动形式的实体的组合。机器包含着机构,机构是机器的主要组成部分。一部机器可以只含有一个机构或多个机构。

3. 构件、零件

构件是指相互之间能做相对运动的机件(实体)。例如,带传动机构中(图1-1),小带轮通过V带带动大带轮,大、小带轮之间都有相对运动,均是构件;而每个带轮与其轴,以及联系带轮与轴的键,相互之间没有相互运动,所以不能看成是构件。带轮、轴、键分别作为带轮构件系统的制造单元,称为零件。零件制成之后组合成构件。构件可以由一个零件组成,也可以由一组零件组成。

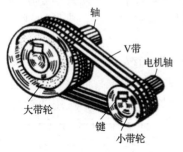

图 1-1 带传动机构

构件是运动的单元,零件是制造的单元,零件组成构件。构件是组成机构的各个相对运动的实体。机构是机器的重要组成部分。机器和机构统称为机械。

如图 1-2 所示的家用洗衣机,电动机提供动力,为动力部分。波轮直接参与工作,为执行部分。减速器、带将运动和动力由电动机传递到波轮,为传动部分。控制器控制洗衣机的动作,为控制部分。

通过对以上两种机器以及其他机器的分析可知,按照各部分实体的不同功能,一台完整的机器通常由以下四部分组成。

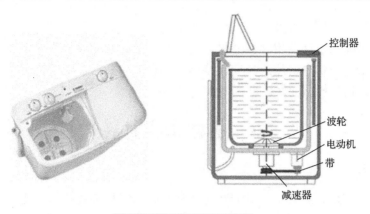

图 1-2 家用洗衣机原理图

(1) 动力部分。动力部分也称动力装置,其作用是把其他形式的能量转变成机械能,以驱动机器各部分运动。它是机器完成预定功能的动力源,常用的有电动机和内燃机等。

(2) 执行部分。执行部分也称工作部分(装置)。它是机器直接完成具体工作任务的部分,如汽车的车轮、缝纫机的机头、冲床的冲头等。

(3) 传动部分。传动部分是原动机到工作机构之间的联系机构,用以完成运动和动力的传递与转换,如连杆机构、凸轮机构、带传动、螺旋传动、齿轮传动等。

(4) 控制部分。控制部分的作用是显示和反映机器的运行位置和状态,控制机器正常运行和工作。控制装置可以是机械装置、电子装置、电气装置等。

简单的机器一般由上述的前三部分组成,有的甚至只有动力部分和执行部分,如水泵、排风扇等。而现代新型的自动化机器,如数控机床、加工中心等,控制部分(包括检测)的作用越来越重要。

这四部分之间的关系如图 1-3 所示。

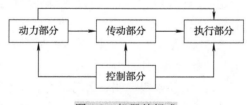

图 1-3 机器的组成

1.2.2 机器的类型

机械的种类繁多,应用广泛。按照机械主要用途的不同,可分为动力机械、加工机械、运输机械和信息机械等。

动力机械用来实现机械能与其他形式能量之间的转换。例如,电动机、内燃机、发电机、液压泵、压缩机等都属于动力机械。

加工机械用来改变物料的状态、性质、结构和形状。例如,金属切削机床、粉碎机、压力机、织布机、轧钢机、包装机等都是加工机械。

运输机械用来改变人或物料的空间位置。例如,汽车、机车、缆车、轮船、飞机、电梯、起重机、输送机等均为运输机械。

信息机械用来获取或处理各种信息。例如,复印机、打印机、绘图机、传真机、数码相机、数码摄像机等皆为信息机械。

对机械的基本要求包括使用功能要求、经济性要求、劳动保护和环境保护要求等。此外还有特殊要求，如金属切削机床应长期保持精度，食品和药品加工机械应不污染产品，运输机械应减轻自重，信息机械应快速准确等。

1.3 机械工程材料

1.3.1 常用材料

(1) 钢：碳质量分数为 0.02%～2.11% 的铁碳合金。钢具有较高的强度、韧性和塑性；钢零件可以采用铸造、锻造、焊接、冲压、切削等方法加工成形，还可以通过热处理方法改善性能。钢的品种繁多，是应用最广泛的金属材料。

碳素钢中，碳质量分数≤0.25%的低碳钢可制作铆钉、螺钉、连杆、渗碳零件等；碳质量分数为 0.25%～0.60% 的中碳钢可制作齿轮、轴、蜗杆、丝杠、连接件等；碳质量分数>0.60% 的高碳钢可制作弹簧、工具、模具等。

合金钢中，合金结构钢用于制造各类机械零件，有普通低碳合金钢、易切削钢、调质钢、渗碳钢、弹簧钢、滚动轴承钢等；合金工具钢用于制造刀具、模具、量具等工具；特殊性能钢如不锈钢、耐热钢、耐磨钢等，用于特殊工况。

铸钢用于铸造要求较高的复杂形状的零件，如机座、箱壳、大齿轮等。

(2) 铸铁：碳质量分数在 2.11% 以上的铁碳合金。铸铁具有优良的铸造性、减摩性、切削加工性，但强度、塑性和韧性较差，不能进行锻造。

低牌号的灰铸铁(HT100 和 HT150)可制造盖、座、床身等零件；高牌号的灰铸铁(HT200～HT350)可制造承受中等静载荷的零件，如联轴器、带轮、飞轮、机体等。

可锻铸铁和球墨铸铁可制造要求强度与耐磨性较高的零件，如曲轴、凸轮轴、管接头、轴套等，特殊性能铸铁用于耐热、耐蚀、耐磨等场合。

(3) 铜合金：优点是减摩性和耐腐蚀性能好，机械零件中常用铸造铜合金制作轴瓦、阀体、管接头等耐蚀零件及涡轮、轴瓦、螺母等耐磨零件。

(4) 铸造锡基和铅基轴承合金：主要含锡、铅、锑等成分，其优点是减摩性、抗烧伤性、磨合性、耐蚀性、韧性和导热性均良好，可用于制作滑动轴承的减摩层。

(5) 工程塑料：分热塑性塑料(如聚乙烯、有机玻璃、尼龙等)和热固性塑料(如酚醛塑料、氨基塑料等)。用于制作一般结构零件、减摩和耐磨零件、传动件、耐腐蚀件、绝缘件、密封件、透明件等。

(6) 橡胶：分普通橡胶和特种橡胶，用于制作密封件、减振件、传动带、输送带、轮胎、胶辊等。

1.3.2 材料的选用原则

选择材料时主要考虑使用要求、工艺要求和经济性。

(1) 使用要求。使用要求包括零件的工作和受载的情况，对零件尺寸和质量的限制，零件的重要程度等。工作情况指零件所处的环境，如介质、温度及摩擦性质。受载情况指载荷大小和应力种类。如果零件尺寸取决于强度，且尺寸和质量又有所限制，则应选用强度较高的材料；如果零件尺寸取决于刚度，则应选用弹性模量较大的材料；如果零件的接触应力比较高，如齿轮和滚动轴承，则应选用可进行表面强化处理的材料；如果零件表面相对滑动性能要求较高，则应选用减摩性和耐磨性好的材料；如果零件在高温下工作，则应选用耐热材料；如果零件在腐蚀介质中工作，则应选用耐腐蚀的材料等。

(2) 工艺要求。工艺要求包括铸造性能、锻造性能、焊接性能、切削加工性能、热处理性能等。结构复杂的箱体类零件，宜采用铸造毛坯；重要的轴类和盘类零件，宜采用锻造毛坯；需要进行热处理的零件，宜采用合金钢；需要进行焊接的零件，宜采用低碳钢等。

(3) 经济性。经济性不仅与材料的相对价格有关，还与生产批量、供应条件等有关。当单件或小批生产时，尽可能不采用铸造和模锻等工艺，推荐焊接结构，尽量利用库存材料或采用代用材料；对零件的不同部位要求有所区别时，可以用普通材料并对局部进行强化处理，还可采用不同材料的组合式结构，如蜗轮齿圈采用青铜而轮芯采用铸铁，铸造锡基和铅基轴承合金只用作滑动轴承中双金属轴瓦的减摩层等；质量不大的零件要重视加工工艺，因为加工费用可能大于材料费用；尽量减少同一机械中所用材料的品种；尽可能少用价格较高的有色金属和稀有金属，多用碳钢和铸铁等。

1.4 摩擦与磨损

1.4.1 摩擦

摩擦是两相互接触的物体有相对运动或相对运动趋势时，在接触处产生阻力的现象。机械运动中普遍存在摩擦现象。摩擦会带来能量损耗，使相对运动表面发热，机械效率降低，还会引起振动和噪声等；而在螺纹连接、摩擦传动和制动以及各种车辆的驱动能力等方面还必须依赖摩擦。

机械中常见的摩擦有两大类：一类是发生在物质内部，阻碍分子间相对运动的内摩擦；另一类是产生在物体接触表面上，阻碍其相对运动的外摩擦。相互摩擦的两个物体称为摩擦副。对于外摩擦，根据摩擦副的运动状态可分为静摩擦和动摩擦；根据摩擦的运动形式，可分为滑动摩擦和滚动摩擦；根据摩擦副的表面润滑状态，又可分为干摩擦、边界摩擦、液体摩擦和混合摩擦，如图1-4所示。

图1-4 外摩擦分类

1. 干摩擦

摩擦面不加润滑剂的摩擦称为干摩擦，如图1-4(a)所示。干摩擦时，摩擦面直接接触，摩擦因数大，摩擦力大，磨损和发热严重。除利用摩擦力工作的场合之外，应尽量避免干摩擦。

2. 边界摩擦

在摩擦副间施加润滑剂后，使摩擦副的表面吸附一层极薄的润滑剂膜的摩擦称为边界摩擦，如图 1-4(b)所示。边界摩擦的润滑剂强度低，容易破裂，致使摩擦副部分表面直接接触，从而产生磨损，但摩擦和磨损状况优于干摩擦。

3. 液体摩擦

在摩擦副间施加润滑剂后，摩擦副的表面被一层有一定压力和厚度的润滑膜完全隔开时的摩擦，称为液体摩擦，如图 1-4(c)所示。液体摩擦中摩擦副的表面不直接接触，摩擦因数很小，理论上不产生磨损，是一种理想的摩擦状态。

4. 混合摩擦

兼有干摩擦、边界摩擦和液体摩擦中任两种及以上的摩擦称为混合摩擦，如图 1-4(d)所示。混合摩擦中摩擦表面仍有少量直接接触，大部分处于液体摩擦，故摩擦和磨损状况优于边界摩擦，但比液体摩擦差。

边界摩擦、液体摩擦和混合摩擦都是在施加润滑剂的条件下呈现的，故相应地又称为边界润滑、液体润滑和混合润滑。另外，这三种摩擦状态的实现与载荷、速度、润滑剂的黏度等工作参数有关。随着工作参数的改变，这三种摩擦状态可以相互转化。

1.4.2 磨损

磨损是摩擦体接触表面的材料在相对运动中由于机械作用，或伴有化学作用而产生的不断损耗的现象。磨损会降低机械运动的精度和可靠性，是机械零件报废的主要原因；而对机械零件进行磨削、研磨和抛光等降低表面粗糙度值的精加工，以及对刀具的刃磨等也利用了磨损的原理。

磨损一般来源于摩擦，但在具体工作条件下影响磨损的因素很多。一般地说，磨损随着载荷和工作时间的增加而增加，软的材料比硬的材料磨损严重。

1. 磨损的类型

按磨损的损伤机理和破坏特点，可将磨损分为四种类型。

(1)黏着磨损：指两相对运动的表面，由于黏着作用，使材料由一表面转移到另一表面所引起的磨损。黏着磨损可表现为轻微磨损、涂抹、划伤、咬粘等破坏形式，如活塞与气缸壁的磨损。

(2)磨粒磨损：指在摩擦过程中，由硬颗粒或硬凸起的材料破坏分离出磨屑或形成划伤的磨损。磨粒磨损中磨粒对摩擦表面进行微观切削，表面有犁沟或划痕，如犁铧和挖掘机铲齿的磨损。

(3)表面疲劳磨损：指摩擦表面材料的微观体积受循环应力作用，产生重复变形而导致表面疲劳裂纹形成，并分离出微片或颗粒的磨损。表面疲劳磨损的破坏特点是在摩擦表面出现"麻坑"，故又称"点蚀"。润滑良好的齿轮传动和滚动轴承，都可能产生点蚀。

(4)腐蚀磨损：指在摩擦过程中金属与周围介质发生化学或电化学反应而引起的磨损。腐蚀磨损表现为表面腐蚀破坏，如化工设备中与腐蚀介质接触的零部件的腐蚀磨损。

2. 磨损过程

除了液体摩擦状态外，其余的摩擦状态总要伴随着磨损。在规定的年限内，只要磨损量不超过许用值，可以认为是正常磨损。磨损量可以用体积、质量、厚度来衡量。单位时间（或单位行程、每一转、每一次摆动）内材料的磨损量称为磨损率。

机械零件典型的磨损过程分为磨合磨损、稳定磨损和剧烈磨损三个阶段，如图1-5(a)所示。

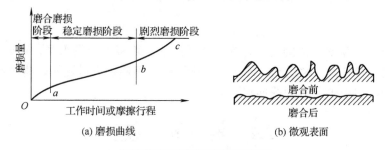

图1-5　磨损曲线与微观表面

(1) 磨合磨损阶段（图1-5(a)中 Oa 段）。新的摩擦副的表面粗糙度值较大，实际接触面积小，接触面积上的压力较大，该阶段的磨损量较大。经短时间磨合后，摩擦副表面的粗糙度值变小（图1-5(b)），实际接触面积增大，磨损率降低，为进入稳定磨损阶段创造了条件。因此，磨合是一种有益磨损。例如，装配好的新减速器要先加入足量且合适的润滑油进行磨合，磨合结束后放掉脏油，清洗减速器并换用新润滑油，才可交付正式使用。

(2) 稳定磨损阶段（图1-5(a)中 ab 段）。经磨合后的摩擦副表面粗糙度值降低，在稳定磨损阶段磨损率趋于稳定和缓和，经历的时间也较长，标志着零件的使用寿命。

(3) 剧烈磨损阶段（图1-5(a)中 bc 段）。经过稳定磨损阶段的累积，零件丧失表面精度，在剧烈磨损阶段磨损率急剧增高，表现为机械效率下降，可能产生异常噪声和振动，摩擦副温度迅速升高，表面发生严重损坏。因此，必须在摩擦副进入剧烈磨损阶段之前及时进行检修。

本 章 小 结

机器主要由动力部分、传动部分、执行部分和控制部分组成。机构是用来传递运动和力的构件系统。机构和机器总称为机械。机械按照用途可分为动力机械、加工机械、运输机械和信息机械等。零件是机械制造的单元；构件是机械运动的单元。

摩擦（干摩擦、边界摩擦、液体摩擦和混合摩擦）是两相互接触的物体有相对运动或相对运动趋势时，在接触处产生阻力的现象，磨损是摩擦的结果，润滑是降低摩擦、减少磨损的重要措施。

习　　题

1-1　机器与机构有何区别和联系？
1-2　构件与零件有何区别和联系？
1-3　机器通常由哪几部分组成？各部分起什么作用？
1-4　常见的机械类型有哪些？
1-5　摩擦、磨损的类型有哪些？
1-6　简述磨损的过程。

第 2 章 连 接

机器都是由许多零部件按确定的方式连接而成的。连接的类型很多，可分为动连接和静连接。常见的动连接有：各种运动副连接和弹性连接；静连接有键连接、花键连接、销连接。焊接、铆接和胶接属于不可拆的静连接。

2.1 键 连 接

安装在轴上的齿轮、带轮、链轮等传动零件，其轮毂与轴的连接，主要有键连接、花键连接、销连接等。

2.1.1 键连接的功能和分类

键连接主要用作轴上零件的周向固定并传递转矩；有的使轴上零件沿轴向移动时起导向作用。

按照结构特点和工作原理，键连接可分为平键连接、半圆键连接和楔键连接等。常用的为平键连接。

2.1.2 平键连接

1. 平键连接的分类

平键连接的平面结构如图 2-1 所示，平键的下面与轴上键槽贴紧，上面与轮毂件槽顶面留有间隙。两侧面为工作面，依靠键与键槽之间的挤压力传递转矩。平键连接加工容易、装拆方便、对中性良好，用于传动精度要求较高的场合。根据用途可分为如下三种。

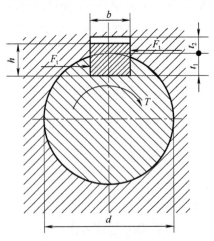

图 2-1 平键连接的平面结构

(1) 普通平键连接。如图 2-2 所示，普通平键的主要尺寸是键宽 b、键高 h 和键长 L。端部有圆头（A 型）、平头（B 型）和单圆头（C 型）三种形式。A 型键定位好，应用广泛。C 型键用于轴端。A、C 型键的轴上键槽用于立铣刀切制,端部的应力集中较大。B 型键的轴上键槽用盘铣刀铣出,轴上应力集中较小,但对尺寸较大的键,要用紧定螺钉压紧,以防松动。

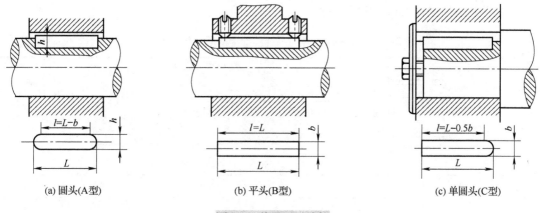

图 2-2　普通平键连接

(2) 薄型平键连接。薄型平键连接与普通平键比较,在键宽 b 相同时,键高 h 较小。因此,薄型平键连接与轴和轮毂的强度削弱较小,用于薄壁结构和特殊场合。

(3) 导向平键连接。当轴上零件与轴构成移动副时,可采用导向平键连接(图 2-3)。导向平键比普通平键长,为防止键体在轴中松动,用两个螺钉将其固定在轴上键槽中,键的中部设有起键螺孔,以便拆卸。若轴上零件沿轴向移动距离较长,可采用图 2-4 所示的滑键连接。

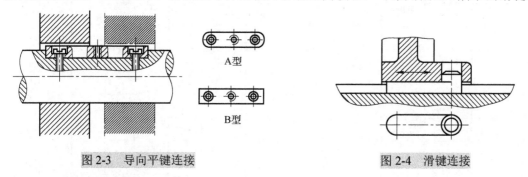

图 2-3　导向平键连接　　　　　图 2-4　滑键连接

2. 平键连接的选用

平键连接的选用步骤如下。

(1) 根据键连接的工作要求和使用特点,选择键连接的类型。

(2) 按照轴的公称直径 d,从国家标准(表 2-1)中选择平键的截面尺寸 $b×h$。

(3) 根据轮毂长度 L_1 选择键长 L,静连接取 $L=L_1-(5\sim10)$ mm。键长 L 应符合标准长度系列。

(4) 校核平键连接的强度:键连接的主要失效形式是较弱工作面的压溃(静连接)或过度磨损(动连接),因此应按照挤压压力 σ_p 进行条件性的强度计算,校核计算公式为

$$\sigma_p = \frac{4T}{dhl} \leq [\sigma_p]$$

式中,T 为传递的转矩,N·mm;d 为轴的直径,mm;h 为键高,mm;l 为键的工作长度(图 2-2),mm;$[\sigma_p]$ 为键连接的许用挤压应力(表 2-2),计算时应取连接中较弱材料的值,

MPa。如果强度不足,在结构允许时可以适当增加轮毂长度和键长,或者间隔180°布置两个键。考虑载荷分布的不均匀性,双键连接按1.5个键进行强度校核。

(5)选择并标注键连接的轴毂公差。

表2-1 普通平键、导向平键和键槽的截面尺寸及公差　　　　(单位:mm)

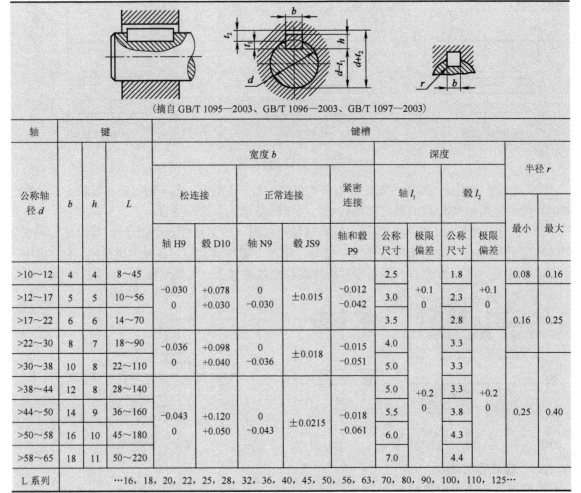

(摘自GB/T 1095—2003、GB/T 1096—2003、GB/T 1097—2003)

轴	键			键槽									
				宽度 b					深度				半径 r
公称轴径 d	b	h	L	松连接		正常连接		紧密连接	轴 t_1		毂 t_2		
				轴 H9	毂 D10	轴 N9	毂 JS9	轴和毂 P9	公称尺寸	极限偏差	公称尺寸	极限偏差	最小	最大
>10~12	4	4	8~45	-0.030 0	+0.078 +0.030	0 -0.030	±0.015	-0.012 -0.042	2.5	+0.1 0	1.8	+0.1 0	0.08	0.16
>12~17	5	5	10~56						3.0		2.3			
>17~22	6	6	14~70						3.5		2.8		0.16	0.25
>22~30	8	7	18~90	-0.036 0	+0.098 +0.040	0 -0.036	±0.018	-0.015 -0.051	4.0		3.3			
>30~38	10	8	22~110						5.0		3.3			
>38~44	12	8	28~140						5.0	+0.2 0	3.3	+0.2 0		
>44~50	14	9	36~160	-0.043 0	+0.120 +0.050	0 -0.043	±0.0215	-0.018 -0.061	5.5		3.8		0.25	0.40
>50~58	16	10	45~180						6.0		4.3			
>58~65	18	11	50~220						7.0		4.4			
L 系列	···16, 18, 20, 22, 25, 28, 32, 36, 40, 45, 50, 56, 63, 70, 80, 90, 100, 110, 125···													

注:(1)在工作图中,轴槽深用 t_1 或 $d-t_1$ 标注,但 $d-t$ 的偏差应取负号;毂槽深用 t_2 或 $d+t_2$ 标注;键槽的长度公差用H14。
(2)松连接用于导向平键;正常连接用于载荷不大的场合;紧密连接用于载荷较大、有冲击和双向转矩的场合。

表2-2 键连接材料的许用应力(压强)

项目	连接性质	键或轴、毂材料	载荷性质		
			静载荷/MPa	轻微冲击/MPa	冲击/MPa
$[\sigma_p]$	静连接	钢	120~150	100~120	60~90
		铸铁	70~80	50~60	30~45
$[P]$	动连接	钢	50	40	30

例2-1 如图2-5所示,某钢制输出轴与铸铁齿轮采用键连接,已知齿轮出轴的直径 $d=45$mm,齿轮轮毂长 $L_1=80$mm,该轴传递的转矩 $T=200000$N·mm,载荷有轻微冲击,试选

用该键连接。

解 (1)选择键连接的类型。为保证齿轮传动啮合良好,要求轴毂对中性好,故选用 A 型普通平键连接。

(2)选择键的主要尺寸。按轴径 $d=45$mm,由表 2-1 查得键宽 $b=14$mm,键高 $h=9$mm,键长 $L=[80-(5\sim10)]$mm$=(70\sim75)$mm,取 $L=70$mm。标记为:键 14×9×70 GB/T 1096—2003。

(3)校核键挤压强度。由表 2-2 查铸铁材料 $[\sigma_p]=50\sim60$MPa,计算键连接的挤压强度:

$$\sigma_p = \frac{4T}{dhl} = \frac{4\times 200000}{45\times 9\times (70-14)}\text{MPa} = 35.27\text{MPa} \leqslant [\sigma_p]$$

所选键连接强度足够。

(4)标注键连接公差。轴、毂公差的标注如图 2-6 所示。

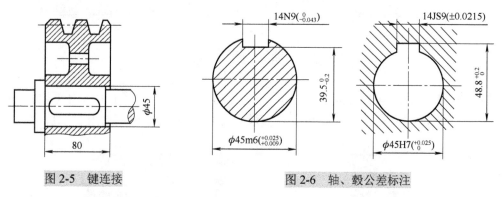

图 2-5 键连接　　　　图 2-6 轴、毂公差标注

2.1.3 花键连接

花键连接由轴上加工出的外花键和轮毂孔上加工出的内花键组成(图 2-7)。工作时靠键齿的侧面相互挤压传递转矩。花键连接的优点是:键齿数多,承载能力强;应力集中小,对轴和毂的强度削弱也小;轴上零件与轴的对中性好;导向性好。花键连接的缺点是成本较高。因此,花键连接用于定心性精度要求较高和载荷较大的场合。

花键连接已标准化,按齿形不同,分矩形花键和渐开线花键。

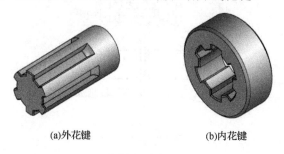

(a)外花键　　　　(b)内花键

图 2-7 花键

1. 矩形花键

矩形花键的齿廓为直线,规格为键数 N×小径 d×大径 D×键宽 B。

国家标准规定,矩形花键连接采用小径定心(图 2-8),采用热处理后磨内花键孔的工艺提高定心精度。

2. 渐开线花键

渐开线花键的齿廓为渐开线，工作时齿面上有径向力，起自动定心作用，各齿均匀承载，强度高。渐开线花键可以用齿轮加工设备制造，加工精度高，常用于传递载荷较大、轴径较大，大批量的场合，如图 2-9 所示。

渐开线花键的主要参数为模数 m、齿数 z、压力角 α 等。

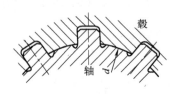

图 2-8　矩形花键连接

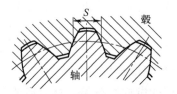

图 2-9　渐开线花键连接

2.2　销　连　接

销连接通常用于固定零件之间的相对位置（定位销，见图 2-10），也用于轴毂间或其他零件间的连接（连接销，见图 2-11），还可以充当过载剪断元件（安全销，见图 2-12）。

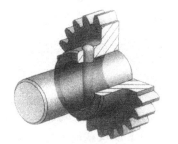

图 2-10　定位销

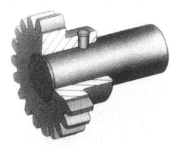

图 2-11　连接销

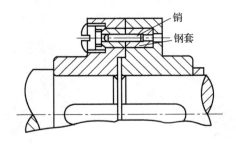

图 2-12　安全销

定位销一般只受很小的载荷，其直径按结构确定，数目不少于两个；连接销能传递较小的载荷，其直径亦按结构及经验确定，必要时校核其挤压和剪切强度；安全销的直径按销的剪切强度计算，当过载 20%～30%时即应被剪断。

销按形状分为圆柱销、圆锥销和异形销三类。圆柱销靠过盈与销孔配合，为保证定位精度和连接的紧固性，不宜经常装拆，主要用于定位，也用作连接销和安全销；圆锥销具有 1∶50 的锥度，小端直径为标准值，自锁性能好，定位精度高，主要用于定位，也可作为连接销。

圆柱销和圆锥销的销孔均需铰制。异形销种类很多,其中开口销工作可靠、拆卸方便,常与槽形螺母合用,锁定螺纹连接件。

2.3 螺 纹 连 接

2.3.1 螺纹的种类与应用

1. 螺纹的形成

(1)螺旋线。螺旋线是沿圆柱或圆锥表面运动的点的轨迹,该点的轴向位移与相应的角位移成定比。如图2-13所示,点沿圆柱素线作等速直线运动,同时该素线又围绕圆柱轴线作等速回转运动,点的运动轨迹即为圆柱螺旋线。

(2)螺纹。螺纹是在圆柱表面或圆锥表面上,沿螺旋线行程的具有规定牙型的连续凸起或凹沟,如图2-14、图2-15所示为车床上通过车削加工形成的圆柱外螺纹、内螺纹。

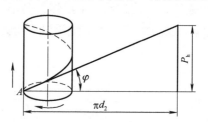

图2-13 圆柱螺旋线的形成

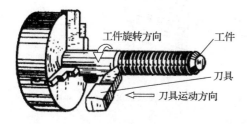

图2-14 圆柱外螺纹

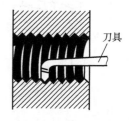

图2-15 圆柱内螺纹

2. 螺纹的种类

(1)按螺纹所在表面的位置分为外螺纹和内螺纹。外螺纹是在圆柱或圆锥外表面上形成的螺纹,内螺纹是在圆柱或圆锥内表面上形成的螺纹。在圆柱表面上形成的螺纹又称圆柱螺纹(图2-14、图2-15),在圆锥表面上形成的螺纹又称圆锥螺纹(图2-16、图2-17)。

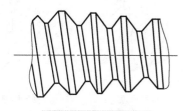

图2-16 圆锥外螺纹

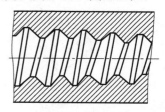

图2-17 圆锥内螺纹

(2)按螺纹的旋向分为右旋螺纹和左旋螺纹。从轴端看,右旋螺纹是顺时针旋入的螺纹(图2-18),左旋螺纹是逆时针旋入的螺纹(图2-19)。一般情况下应用的都是右旋螺纹。

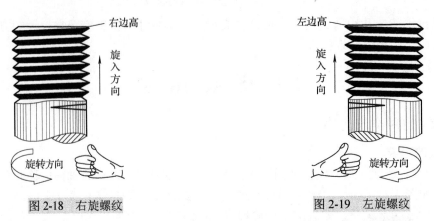

图 2-18 右旋螺纹　　　　　　图 2-19 左旋螺纹

提示：左、右旋螺纹的判别方法是使螺纹轴线竖直，右边牙高的为右旋螺纹，左边牙高的为左旋螺纹。

(3) 按螺纹的线数分为单线螺纹和多线螺纹。单线螺纹是沿一条螺旋线形成的螺纹，多线螺纹是沿两条或两条以上螺旋线形成的螺纹。螺旋线沿轴向等距分布，如图 2-20 所示。

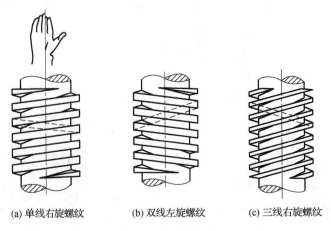

(a) 单线右旋螺纹　　(b) 双线左旋螺纹　　(c) 三线右旋螺纹

图 2-20 螺纹线数

提示：单线螺纹多用于连接螺纹，多线螺纹多用于传动螺纹。

(4) 按螺纹牙型分为普通螺纹、管螺纹、矩形螺纹、梯形螺纹、锯齿形螺纹等（图 2-21）。除矩形螺纹外，其他螺纹均已标准化。除多数管螺纹采用英制（以每英寸牙数表示螺距）外，其他螺纹均采用米制。

(a) 普通螺纹　　(b) 管螺纹　　(c) 矩形螺纹　　(d) 梯形螺纹　　(e) 锯齿形螺纹

图 2-21 螺纹的牙型

① 普通螺纹的牙型为等边三角形，$\alpha=60°$，故又称为三角形螺纹。对于同一公称直径，按螺距大小分为粗牙螺纹和细牙螺纹。粗牙螺纹常用于一般连接；细牙螺纹自锁性好，用于

受冲击、振动和变载荷的连接。

② 管螺纹的牙型为等腰三角形，$\alpha=55°$，适用于管子、管接头、旋塞、阀门等螺纹连接件。非螺纹密封的管螺纹本身不具有密封性，若要求连接后具有密封性，可压紧被连接件螺旋副外的密封面，也可以在密封面添加密封物；用螺纹密封的管螺纹在螺纹旋合后，利用本身的变形即可保证连接的密封性，不需要任何填料，如空调管道连接。

③ 矩形螺纹的牙型为正方形，$\alpha=0°$，其传动效率高，但牙根强度很弱，螺旋副磨损后的间隙难以修复和补偿，使传动精度降低，因此逐渐被梯形螺纹所代替。

④ 梯形螺纹的牙型为等腰梯形，$\alpha=30°$，其传动效率略低于矩形螺纹，但牙根强度高，工艺性和对中性好，可补偿磨损后的间隙，是最常用的传动螺纹。

⑤ 锯齿形螺纹的牙型不为等腰梯形，工作面的牙侧角 $\beta_1=3°$，非工作面的牙侧角 $\beta_2=30°$，兼有矩形螺纹传动效率高和梯形螺纹牙根强度高的特点，用于单向受力的传动中。

⑥ 米制锥螺纹的牙型角 $\alpha=60°$，螺纹分布在锥度为 1∶16 的圆锥管壁上，用于气体或液体管路系统依靠螺纹密封的连接螺纹（水和煤气管道用管螺纹除外）。

3. 螺纹的应用

螺纹在机械中的应用主要是连接和传动。因此，螺纹又可按用途分为连接螺纹和传动螺纹，如表 2-3 所示。

表 2-3 螺纹连接的类型、特点及应用

类型	名称	特点	应用
连接螺纹	普通螺纹	牙型角 60°，自锁性能好	应用最广，连接螺纹多用单线右旋粗牙，薄壁、振动、受冲击零件及微调机构用细牙，轴上安放圆螺母轴端用细牙
连接螺纹	管螺纹	牙型角 55°，能密封	非螺纹密封：水路、低压润滑油路
连接螺纹	管螺纹	牙型角 55°，能密封	螺纹密封：空调管道连接等
连接螺纹	米制锥螺纹	牙型角 60°，能密封	高温、高压管路及压力高的润滑系统
传动螺纹	矩形螺纹	非标准螺纹，传动效率高，传动精度低，牙根强度弱	传力或传导螺旋
传动螺纹	梯形螺纹	牙型角 30°，工艺性好，对中性好，牙根强度高，可补偿磨损间隙	应用广，用于传动，如机床丝杠等
传动螺纹	锯齿形螺纹	工作面牙侧角 3°，非工作面牙侧角 30°	用于单向受力的传动螺纹，如螺旋压力机、千斤顶等

2.3.2 螺纹的主要参数及标记

1. 普通螺纹的主要参数

普通螺纹的基本牙型如图 2-22 所示。

普通螺纹的主要参数有大径、小径、中径、螺距、导程、牙型角和螺纹升角等。

（1）大径（D,d）。螺纹大径是指与外螺纹牙顶或内螺纹牙底重合的假想圆柱的直径，一般规定其为螺纹的公称直径。

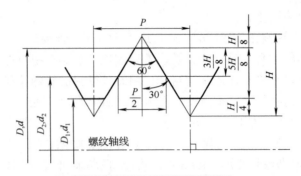

图 2-22 普通螺纹的基本牙型

(2) 小径(D_1，d_1)。螺纹小径是指与外螺纹牙底或内螺纹牙顶重合的假想圆柱的直径。

(3) 中径(D_2，d_2)。螺纹中径是一个假想圆柱的直径，该圆柱的素线通过牙型上沟槽与凸起相等处。

提示：螺纹大径（公称直径）确定后，螺纹小径和中径可通过公式计算或查表得出。其计算公式为

$$D_1(d_1) = D(d) - 2 \times \frac{5}{8}H$$

$$D_2(d_2) = D(d) - 2 \times \frac{3}{8}H$$

$$H = 0.866P$$

(4) 螺距(P)。螺距是指相邻两牙中径线上对应点之间的轴向距离。

(5) 导程(P_h)。导程是指同一条螺旋线上，相邻两牙中径线上对应点之间的轴向距离。它与螺距的关系是：$P_h = nP$；单线螺纹 $n=1$，螺距等于导程。

(6) 牙型角(α)。牙型角是指螺纹牙型上相邻两牙侧间的夹角，普通螺纹的牙型角为 60°。螺纹牙型上牙侧与螺纹轴线垂直平面间的夹角称为牙侧角，理论上普通螺纹的牙侧角相等且等于牙型角的一半。

(7) 螺纹升角(φ)。螺纹升角是指螺纹中径圆柱上，螺旋线切线与垂直于螺纹轴线的平面间的夹角，如图 2-13 所示。螺纹升角可通过下列公式计算为

$$\tan\varphi = \frac{P_h}{\pi d_2} = \frac{nP}{\pi d_2}$$

式中，P_h 为导程；d_2 为中径；n 为线数；P 为螺距。

提示：螺纹升角与螺纹连接的自锁性和传动效率有关。螺纹升角越小，自锁性越好；螺纹升角越大，自锁性越差，传动效率越高。

螺纹的基本参数有螺纹大径（公称直径）、螺距、线数、旋向及牙型角等，基本参数已知，其他参数均可通过公式或查表得出。其中，螺纹大径、螺距、牙型均符合国家标准的螺纹称为标准螺纹。

2. 普通螺纹的标记

普通螺纹的标记由普通螺纹代号（特征代号和尺寸代号）、公差带代号和旋合长度代号等组成。

1) 普通螺纹代号

粗牙普通螺纹的代号由螺纹特征代号 M 及公称直径表示，左旋螺纹在螺纹代号之后加注"LH"，例如：

M30 表示公称直径为 30mm，旋向为右旋的粗牙普通螺纹；

M30-LH 表示公称直径为 30mm，旋向为左旋的粗牙普通螺纹。

细牙普通螺纹的代号用螺纹特征代号 M 及公称直径×螺距表示，左旋螺纹在螺纹代号之后加注"LH"，例如：

M30×1.5 表示公称直径为 30mm，螺距为 1.5mm，旋向为右旋的细牙普通螺纹；

M30×1.5-LH 表示公称直径为 30mm，螺距为 1.5mm，旋向为左旋的细牙普通螺纹。

提示：粗牙普通螺纹只有一种螺距，可在相关国家标准中查出。

2) 公差带代号

普通螺纹的公差带代号包括中径公差带代号及顶径(指外螺纹的大径或内螺纹的小径)公差带代号。公差带代号由表示公差等级的数字和表示基本偏差的字母组成，如 6H、6g。其中"6"为公差等级数字，"H""g"为基本偏差代号，大写字母用于内螺纹，小写字母用于外螺纹。

螺纹公差带代号标注在螺纹代号之后，中间用"-"隔开。如果螺纹中径公差带代号和顶径公差带代号不同，则分别标注，前者表示中径公差带代号，后者表示顶径公差带代号；如果中径公差带代号和顶径公差带代号相同，则只标注一个公差带代号。例如：

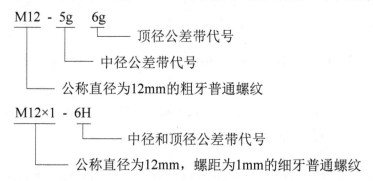

3) 旋合长度代号

螺纹的旋合长度是指两个相互配合的螺纹沿螺纹轴线方向相互重合部分的长度，分为短旋合长度、中等旋合长度和长旋合长度三组，分别用代号 S、N、L 表示，其数值可根据公称直径和螺距在有关标准中查到。

使用中等旋合长度时不标注其代号；短旋合长度和长旋合长度在螺纹公差带代号之后标注代号 S、L，中间用"-"分开。例如：

M12-5g6g-S；

M12-6H-L；

M20×1.5-5g6g。

4) 螺纹副的标注

内、外螺纹基本参数完全相同才能旋合在一起，组成螺纹副，其标注与螺纹的标注基本相同，但须同时注出内、外螺纹的公差带代号，并用"/"分开，前者表示内螺纹的公差带代号，后者表示外螺纹的公差带代号。例如：

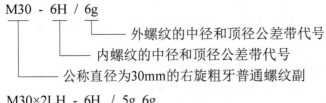

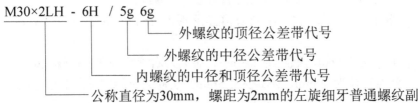

※3. 管螺纹的标记

1) 55°密封管螺纹的标记

55°密封管螺纹的标记由螺纹特征代号、尺寸代号及旋向组成。

螺纹特征代号为：

R_c——圆锥内螺纹；

R_p——圆柱内螺纹；

R_1——与圆柱内螺纹相配合的圆锥外螺纹；

R_2——与圆锥内螺纹相配合的圆锥外螺纹。

右旋螺纹不标注，左旋螺纹在尺寸代号之后标注"LH"，且用"-"分开。例如：$R_1\text{-}1\frac{1}{2}$ 表示尺寸代号为 $1\frac{1}{2}$ 的与圆柱内螺纹相配合的右旋圆锥外螺纹；$R_c\text{-}1\frac{3}{4}\text{-LH}$ 表示尺寸代号为 $1\frac{3}{4}$ 的左旋圆锥内螺纹。

内、外螺纹装配在一起，其标记用"/"分开，前面表示内螺纹，后面表示外螺纹，例如：$R_c 1\frac{3}{4}/R_2 1\frac{3}{4}\text{-LH}$ 表示尺寸代号为 $1\frac{3}{4}$ 的左旋圆锥内螺纹与圆锥外螺纹的配合。

提示：55°密封管螺纹的内、外螺纹均只有一种公差，故不标注。

2) 55°非密封管螺纹的标记

55°非密封管螺纹的标记由螺纹特征代号、尺寸代号、公差等级代号及旋向组成。

55°非密封管螺纹的特征代号用 G 表示。外螺纹有 A、B 两种公差等级代号；内螺纹只有一种公差等级代号，故不标记。右旋螺纹不标记，左旋螺纹在公差等级代号之后标注"LH"且用"-"分开。例如：$G1\frac{1}{4}$ 表示尺寸代号为 $1\frac{1}{4}$ 的右旋内螺纹；$G1\frac{1}{2}A$ 表示尺寸代号为 $1\frac{1}{2}$，精度为 A 级的右旋外螺纹；$G1\frac{1}{2}B\text{-LH}$ 表示尺寸代号为 $1\frac{1}{2}$，精度为 B 级的左旋外螺纹。

内、外螺纹装配在一起，其标记用"/"分开，前面表示内螺纹，后面表示外螺纹，例如：$G1\frac{1}{2}/G1\frac{1}{2}B\text{-LH}$ 表示尺寸代号为 $1\frac{1}{2}$ 的左旋内螺纹与相同尺寸代号、精度为 B 级的外螺纹的配合。

4. 梯形螺纹的标记

梯形螺纹的标记由梯形螺纹代号(特征代号和尺寸代号)、公差带代号及旋合长度代号三部分组成。

(1) 梯形螺纹代号。单线梯形螺纹代号由梯形螺纹特征代号及公称直径×螺距组成，多线梯形螺纹代号用梯形螺纹特征代号及公称直径×导程(P 螺距)表示。左旋螺纹应在螺距代号之后标注 LH。例如：

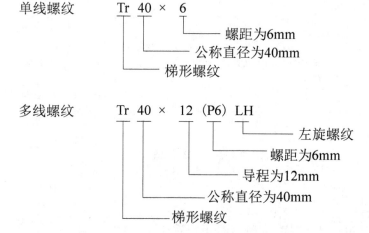

(2) 公差带代号。梯形螺纹的公差带代号只标注中径公差带代号，由表示公差等级的数字和表示基本偏差的字母组成，小写字母表示外螺纹，大写字母表示内螺纹。

(3) 旋合长度代号。旋合长度有中等旋合长度 N 和长旋合长度 L 两组。使用中等旋合长度 N 组时，可不标注；使用长旋合长度 L 组时，可将组别代号标注在公差带代号之后，并用"-"分开。如下所示。

长旋合长度单线梯形内螺纹：Tr36×6-6H-L。

中等旋合长度多线梯形外螺纹：Tr36×12(P6)LH-8e。

(4) 梯形螺旋副的标注。装配在一起的梯形螺旋副须同时标注内、外螺纹的公差带代号且用"/"分开，前面表示内螺纹的公差带代号，后面表示外螺纹的公差带代号。

2.3.3 螺纹连接及其预紧与防松

1. 常见螺纹连接件

螺纹连接件的结构、尺寸均已标准化，属于标准件，由专门标准件厂大量生产。常见螺纹连接件有普通螺栓、双头螺柱、螺钉、紧定螺钉、螺母、垫圈等。

2. 螺纹连接的类型

螺纹连接的主要类型有螺栓连接、双头螺柱连接、螺钉连接、紧定螺钉连接，见表 2-4。

表 2-4 螺纹连接的主要类型及应用

类型	构造	特点及应用	主要尺寸关系
螺栓连接	普通螺栓连接	螺栓穿过被连接件的通孔,与螺母组合使用,装拆方便,成本低,不受被连接件的材料限制。广泛用于传递轴向载荷且被连接件厚度不大,能从两边进行安装的场合。 最常用的是六角头螺栓,配以高 $m \approx 0.8d$ 的六角螺母。螺栓分粗牙和细牙两种;螺栓杆部有部分螺纹和全螺纹两种。此外,还有用于工艺装夹设备的 T 形槽螺栓、用于将机器设备固定在地基上的地脚螺栓等类型	(1) 螺纹余留长度静载荷 $l_1 \geqslant (0.3 \sim 0.5) d$ 变载荷 $l_1 \geqslant 0.75d$ 冲击、弯曲载荷 $l_1 \approx d$ 铰制孔时 $l_1 \approx 0$ (2) 螺纹伸出长度 $l_2 \approx (0.2 \sim 0.3) d$ (3) 双头螺柱旋入被连接件中的长度 被连接件的材料为钢或青铜 $l_3 \approx d$ 铸铁 $l_3 \approx (1.25 \sim 1.5) d$ 铝合金 $l_3 \approx (1.25 \sim 1.5) d$ (4) 螺纹孔的深度 $l_4 \approx l_3 + (2 \sim 2.5) d$ (5) 钻孔深度 $l_5 \approx l_4 + (3 \sim 3.5) d$ (6) 螺栓轴线到被连接件边缘的距离 $e = d + (3 \sim 6)$ mm (7) 通孔直径 $d_0 \approx 1.1d$ (8) 紧定螺钉直径 $d \approx (0.2 \sim 3) d_{轴}$
	铰制孔用螺栓连接	螺栓穿过被连接件的铰制孔并与之过渡配合,与螺母组合使用,适用于传递横向载荷或需要精确固定被连接件的相互位置的场合。 六角头铰制孔用螺栓的螺栓杆直径 d_s 大于公称直径 d,常配以高 $m \approx (0.36 \sim 0.6) d$ 的六角薄螺母。除六角螺母外,在螺栓连接中有时也采用方形、蝶形、环形、槽形、盖形螺母及圆螺母、锁紧螺母等品种	
双头螺柱连接		双头螺柱的一端旋入较厚被连接件的螺纹孔中并固定,另一端穿过较薄被连接件的通孔,与螺母组合使用,适用于被连接件之一较厚且经常装拆的场合。 双头螺柱的两端螺纹有等长和不等长两种:A 型带退刀槽,B 型制成腰杆,末端碾制。平垫圈可保护被连接件表面不被划伤,弹簧垫圈有 65°~80°的左旋开口,用于摩擦防松。此外,还有斜垫圈、止动垫圈等品种	
螺钉连接		螺钉穿过较薄被连接件的通孔,直接旋入较厚被连接件的螺纹孔中,不用螺母,结构紧凑,适用于被连接件之一较厚、受力不大,且不经常装拆的场合。 螺钉头部有六角头、圆柱头、半圆头、沉头等形状;起子槽有一字槽、十字槽、内六角孔等形式。机器上常设吊环螺钉。螺栓也可作螺钉使用	

续表

类型	构造	特点及应用	主要尺寸关系
紧定螺钉连接	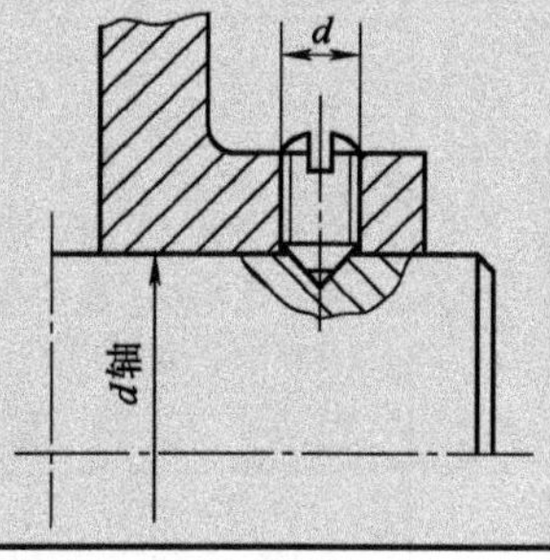	紧定螺钉旋入被连接件的螺纹孔中，并用尾部顶住另一被连接件的表面或相应的凹坑中，固定它们的相对位置，还可传递不大的力或转矩。头部为一字槽的紧定螺钉最常用。尾部有多种形状，平端用于高硬度表面或经常拆卸处；圆柱端可压入轴上的凹坑；锥端用于低硬度表面或不常拆卸处	

3. 螺纹连接的预紧与防松

螺纹连接防松的目的是防止螺纹副间发生相对转动。螺纹连接防松的方法有摩擦力防松、锁住防松、不可拆防松，见表2-5。

表2-5 常见螺纹连接的防松措施

螺纹连接的防松方法		图示	原理及应用
摩擦力防松	弹簧垫圈	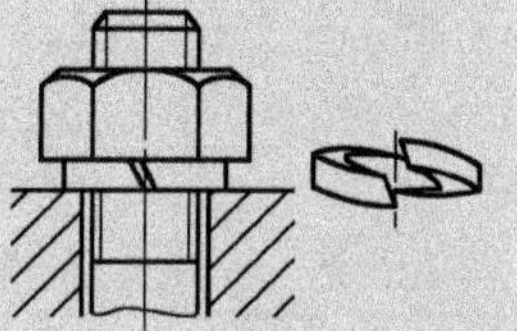	通过弹簧垫圈被压缩后产生的反弹力，保持螺纹副间的压紧力及摩擦力而起到防松作用。弹簧垫圈切口尖端应处于逆向位置，用于一般螺纹连接的防松
摩擦力防松	双螺母	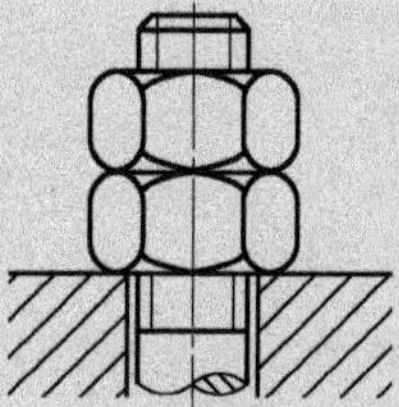	通过两对螺母拧紧时，在螺母与螺栓之间形成的内力来增大摩擦力。双螺母结构简单，用于低速、重载场合
锁住防松	六角开槽螺母与开口销	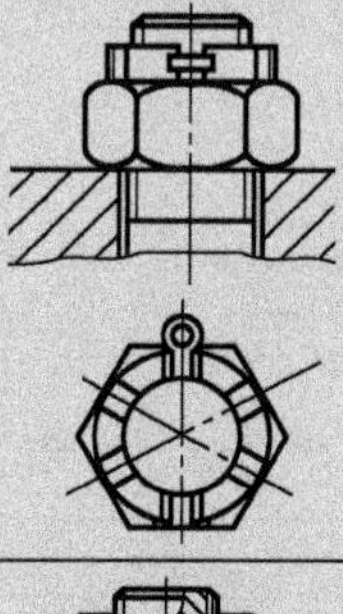	槽型螺母拧紧后，用开口销穿过螺栓尾部的小孔和螺母的槽，防止螺母与螺杆发生相对转动，也可以用普通螺母拧紧后配钻销孔
锁住防松	圆螺母与止动垫片	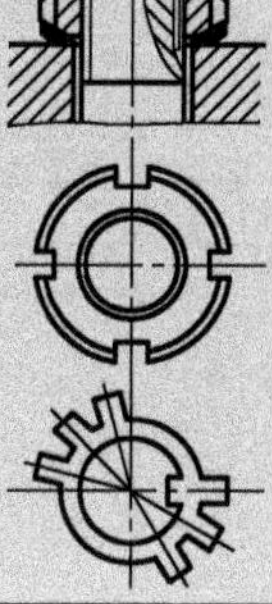	使垫圈内舌嵌入螺栓（轴）的槽内，拧紧螺母后将垫圈外舌之一褶嵌入螺母的一个槽内，实现防松

续表

螺纹连接的防松方法		图示	原理及应用
锁住防松	止动垫圈	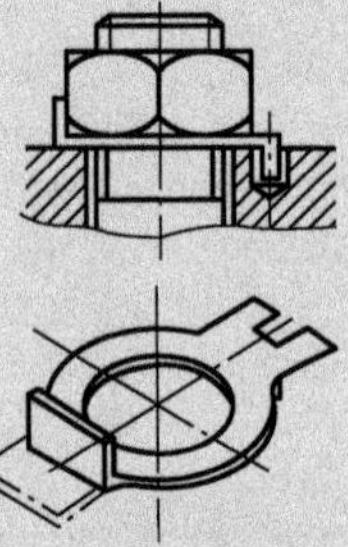	螺母拧紧后,将单耳或双耳止动垫圈分别向螺母和被连接件的侧面折弯贴紧,实现防松
	串联钢丝	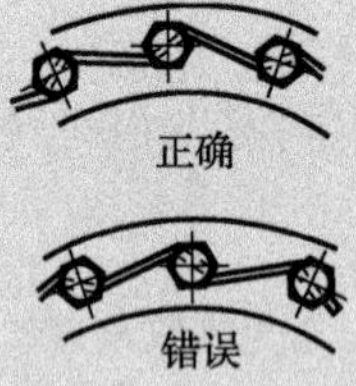 正确 错误	用低碳钢钢丝穿入各螺钉头部的孔内,将各螺钉串联起来,使其相互制动。这种结构需要注意钢丝穿入的方向
不可拆防松	定位冲、定位焊	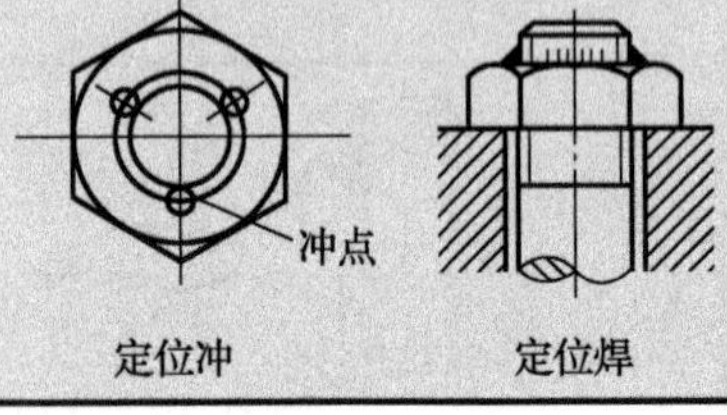 冲点 定位冲　定位焊	螺母拧紧后在螺纹末端冲点破坏螺纹,或者将螺母、螺栓焊接在一起,实现防松 永久性防松还可以将螺旋表面涂上黏结剂,拧紧螺母后,黏结剂自行固化,实现防松

※2.3.4 螺旋传动

组成运动副的两构件只能沿轴线做相对螺旋运动的运动副称为螺旋副。普通螺旋副是面接触的低副,其运动属于构件空间运动形式。

螺旋传动是利用螺旋副来传递运动和(或)动力的一种机械传动,可以方便地把主动件的回转运动转变成从动件的直线运动。常用螺旋传动有普通螺旋传动、差动螺旋传动、滚珠螺旋传动等。

1. 普通螺旋传动的类型

由螺钉和螺母组成的简单螺旋副实现的传动称为普通螺旋传动。根据螺杆、螺母运动形式的不同,普通螺旋传动有以下四种应用形式,见表 2-6。

表 2-6 普通螺旋传动的应用形式

应用形式	应用实例	工作过程
螺母固定不动,螺杆回转并做直线运动	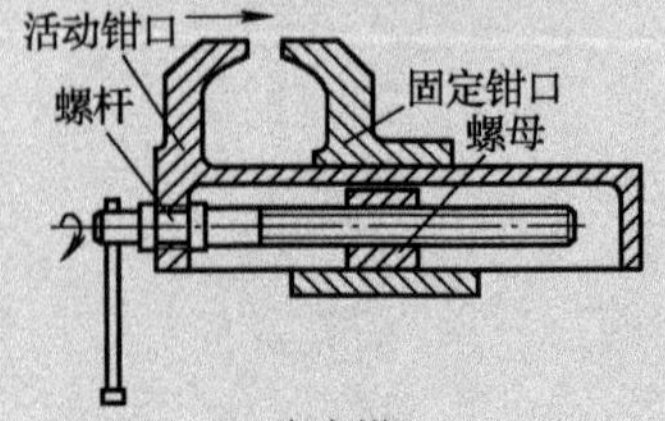 活动钳口　固定钳口 螺杆　　　　螺母 台虎钳	螺母与固定钳口连接成整体且固定不动,螺杆与活动钳口通过转动副连接。转动手柄,使螺杆回转并移动,并带动活动钳口移动而实现工件的夹紧和松开 螺旋压力机、千分尺也采用此种结构形式

续表

应用形式	应用实例	工作过程
螺杆固定不动,螺母回转并做直线运动	螺旋千斤顶	螺杆与底座连成整体且固定不动,手柄与螺母连成一体,托盘套在螺母上。转动手柄,使螺母回转并做直线移动,从而支顶工件或放下工件 插齿机刀架传动结构也采用了此种形式
螺杆回转,螺母做直线运动	机床滑板移动机构	螺母与工作台连成整体,螺杆与机架通过转动副连接。摇动手柄,使螺杆回转,螺母带动工作台实现左右直线移动 此结构广泛应用于车床的大、中、小滑板移动机构及其他机床工作台移动机构
螺母回转,螺杆做直线运动	压力试验机上的观察镜	螺母与机架通过转动副连接,螺杆与观察镜连成整体。转动螺母,螺杆带动观察镜上下移动

2. 普通螺旋传动的特点

与其他将回转运动转变成直线运动的装置相比,普通螺旋传动有以下特点:

(1) 结构简单,工作连续,传动平稳、无噪声。

(2) 承载能力大,传动精度高。

(3) 摩擦损失大,传动效率低。滚珠螺旋传动的应用已使螺旋传动摩擦损失大、效率低的缺点得到了很大改善。

3. 普通螺旋传动直线运动方向的判定

普通螺旋传动直线运动的方向不仅与螺纹的回转方向有关,还与螺纹的旋向有关,通常采用左、右手法则进行判断。右旋螺纹用右手,左旋螺纹用左手。手握空拳,四指指向与螺杆(螺母)的回转方向相同,大拇指竖直。

(1) 若螺杆(或螺母)固定不动,螺母(或螺杆)回转并做直线移动,则大拇指的指向即为螺母(或螺杆)的直线移动方向(图 2-23)。

(2) 若螺杆(或螺母)回转,螺母(或螺杆)做直线移动,则大拇指的指向与螺母(或螺杆)的直线移动方向相反(图 2-24)。

图 2-23 螺母或螺杆直线移动方向的判定

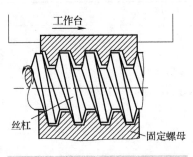
图 2-24 卧式车床床鞍的螺旋传动

4. 普通螺旋传动移动距离和速度的计算

1) 直线移动距离

对于普通螺旋传动，螺杆(或螺母)的直线移动距离与螺纹导程有关，螺杆相对螺母每回转一圈，螺杆(或螺母)移动一个导程的距离。因此，直线移动距离等于回转圈数与螺纹导程的乘积，用公式表示为

$$L = NP_h$$

式中，L 为螺杆(或螺母)的直线移动距离，mm；N 为回转圈数；P_h 为螺纹导程，mm。

2) 直线移动速度

螺杆(或螺母)直线移动速度的计算公式为

$$v = nP_h$$

式中，v 为螺杆(或螺母)直线移动的速度，mm/min；n 为回转件的转速，r/min；P_h 为螺纹导程，mm。

例 2-2 如图 2-25 所示的车床刀架进给机构，由螺母、丝杠、机架组成，问：

(1)若丝杠回转 5 圈，车刀的移动距离为多少？

(2)若丝杠的转速为 0.5r/min，车刀的移动速度为多少？

(3)若丝杠的回转方向向下，车刀的移动方向如何？

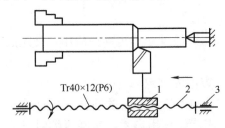
图 2-25 车床刀架进给机构

1-螺母；2-丝杠；3-机架

分析：由丝杠上的螺纹代号 Tr40×12(P6) 可知其为双线梯形右旋螺纹，螺纹导程为 12mm；丝杠与螺母的传动形式属于螺杆回转、螺母做直线移动的普通螺旋传动。

解 (1)导程 P_h=12mm，丝杠回转 5 圈，车刀(螺母)的移动距离为

$$L = NP_h = 5 \times 12\text{mm} = 60\text{mm}$$

(2) 车刀(螺母)的移动速度为

$$v = n P_h = 0.5 \text{r/min} \times 12\text{mm} = 6\text{mm/min}$$

(3) 用右手法则判别(四指与丝杠回转方向一致,大拇指指向与螺母的移动方向相反),车刀(螺母)向左移动。

※2.4 弹 性 连 接

1. 弹簧的类型

受载后产生变形,卸载后通常立即恢复原有的形状和尺寸的零件,称为弹性零件。机械中各种类型的弹簧都是弹性零件。图 2-26 中所示的车架 1 和车轮 2,主要是依靠在它们之间的弹性零件 3 实现连接的。这种依靠弹性零件实现被连接件在有限相对运动时仍保持固定联系的动连接,称为弹性连接。

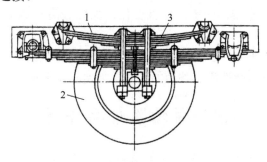

图 2-26 弹性连接

1-车架;2-车轮;3-弹性零件

弹簧是最常用的弹性零件,为满足弹性连接的各种要求,弹簧有表 2-7 所列的基本类型。

弹簧一般在变载荷下工作,因此要求弹簧材料在力学性能方面具有较高的弹性极限和疲劳极限,并具有足够的韧性和塑性。

弹簧的材料主要是热轧和冷拉弹簧钢。

表 2-7 弹簧的基本类型

按载荷分 按形状分	拉伸	压缩	扭转	弯曲
螺旋形	圆柱螺旋拉伸弹簧	圆柱螺旋压缩弹簧　圆锥螺旋压缩弹簧	圆柱螺旋扭转弹簧	

续表

按载荷分 按形状分	拉伸	压缩		扭转	弯曲
其他形		环形弹簧	蝶形弹簧	平面涡卷盘弹簧	板弹簧

2. 弹性连接的功用

(1) 缓冲吸振：缓冲被连接件的工作平稳性，如蛇形弹簧联轴器上的弹簧及各种车辆上的悬挂弹簧。

(2) 控制运动：适应被连接件的工作位置变化，如离心离合器中的弹簧和内燃机上的阀门弹簧。

(3) 储能输能：提供被连接件运动所需动力，如机械式钟表的发条弹簧。

(4) 测量载荷：标志被连接件所受外力的大小，如测量器和弹簧秤中的弹簧。

2.5 联轴器与离合器

联轴器和离合器主要用于连接两轴，使其共同回转以传递运动和转矩。在机械工作时，联轴器只能保持两轴的结合状态，而离合器却可随时完成两轴的接合或分离。

2.5.1 联轴器的分类

联轴器所连接的两轴，由于制造和安装误差、受载变形和机座下沉等，可能产生轴线的轴向、径向、角向或综合偏移（图 2-27）。因此，要求联轴器在传递运动和转矩的同时，还应具有一定范围的补偿轴线偏移、缓冲吸振的能力。因此将联轴器分为刚性联轴器和弹性联轴器两大类。

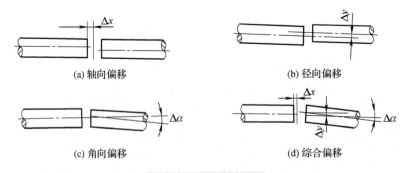

(a) 轴向偏移　　(b) 径向偏移　　(c) 角向偏移　　(d) 综合偏移

图 2-27　轴线偏移方式

1. 刚性联轴器

刚性联轴器结构简单、制造容易、承载能力大、成本低，但没有补偿轴线偏移的能力，适用于载荷平稳、转速平稳、两轴对中性良好的场合。

(1) 凸缘联轴器（GY、GYD 型）。如图 2-28 所示，凸缘联轴器由两个带有凸缘的半联轴器分别用键与两轴连接，然后用螺栓将它们连接成一体，以实现两轴连接。GY 型由铰制孔用螺栓对中，装拆方便，传递转矩较大；GYD 型采用普通螺栓连接，靠对中相连，制造成本低，但装拆时轴须做轴向移动。

(2) 套筒联轴器（CT 型）。如图 2-29 所示，套筒联轴器利用公共套筒和键、销等连接两轴，径向尺寸小，转动惯量也小，可用于起动频繁和速度变化的传动。

图 2-28 凸缘联轴器

图 2-29 套筒联轴器

2. 无弹性元件的挠性联轴器

挠性联轴器具有补偿轴线偏移的能力，适用于载荷和转速有变化及两轴有偏移的场合。无弹性元件的挠性联轴器，靠本身动连接的可移功能补偿轴线偏移。

(1) 滑块联轴器（WH 型）。如图 2-30 所示，滑块联轴器由两个与轴键连接的半联轴器 1、3 和中间滑块 2 组成，滑块 2 的两面有互成 90° 的径向凸榫，半联轴器 1、3 的端面有径向凹槽，利用凸榫与凹槽相互嵌合构成移动副，可补偿径向偏移的角偏移，但转动时滑块有较大的离心惯性力。其结构简单、径向尺寸小，是用于两轴径向位移较大的低速、无冲击和载荷较大的场合。

(2) 齿式联轴器（WC 型）。如图 2-31 所示，齿式联轴器由两个带外齿的轮毂分别与主、从动轴相连接，两个带内齿的凸缘用螺栓紧固，利用内外齿内核以实现两轴连接。其外轮廓尺寸紧凑、传递转矩大，可补偿综合偏移，但成本较高，适用于高速、重载、起动频繁和经常正反转的场合。

图 2-30 滑块联轴器

1、3-半联轴器；2-滑块

图 2-31 齿式联轴器

(3) 万向联轴器（WS 型）。如图 2-32 所示，万向联轴器与主、从动轴相连的叉形件 1、3 与十字轴 2 分别构成转动副，允许有较大的角偏移。图 2-32 所示的单向万向联轴器，主动轴叉 1 以等角速度 ω_1 回转时，从动轴叉 3 的角速度 ω_3 将作周期性变化，引起动载荷。为使 $\omega_1 = \omega_3$，一般将两个单向万向联轴器成对使用（图 2-33），且应满足三个条件：①主、从动轴与中间轴夹角 $\alpha_1 = \alpha_2$；②中间轴两端的叉形件应共面；③主、从动轴与中间轴的轴线应共面。其径向尺寸小，适用于连接夹角较大的两轴。

上述无弹性元件的挠性联轴器中，各运动副应保持良好润滑条件，以减轻磨损。

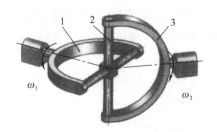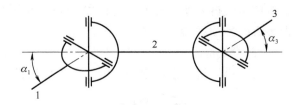

图 2-32　单向万向联轴器

1-主动轴叉；2-十字轴；3-从动轴叉

图 2-33　单向万向联轴器成对使用

1-主动轴叉；2-十字轴；3-从动轴叉

3. 非金属弹性元件的挠性联轴器

靠弹性元件的弹性变形及阻尼作用来补偿轴线偏移、缓冲吸振的联轴器，称为弹性元件的挠性联轴器。其中，弹性元件为非金属材料的主要有以下两种。

(1) 弹性套柱销联轴器(LT 型)。如图 2-34 所示，弹性套柱销联轴器上有锥端的柱销固定于半联轴器，柱销上套装的橡胶弹性套伸入半联轴器上的孔中，实现两轴连接。其制造方便，适用于起动频繁的高、中速轴的中、小转矩传动。弹性套易磨损，为便于更换，要留有装拆柱销的空间尺寸。

(2) 弹性柱销联轴器(LH 型)。如图 2-35 所示，弹性柱销联轴器利用置于半联轴器凸缘孔中的尼龙柱销实现两轴连接，为防止柱销滑出设有挡板。其适用于起动、换向频繁且转矩较大的中、低速轴。

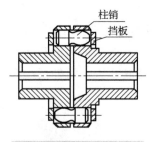

图 2-34　弹性套柱销联轴器

图 2-35　弹性柱销联轴器

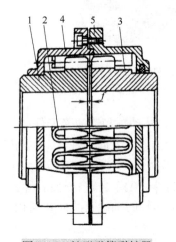

图 2-36　蛇形弹簧联轴器

1、3-半联轴器；2-蛇形板簧；4、5-外壳

4. 金属弹性元件的挠性联轴器

如图 2-36 所示，蛇形弹簧联轴器(JS 型)由两个带外齿圈的半联轴器 1、3 和置于其齿间的一组蛇形板簧 2 组成。每个齿圈上有 50～100 个齿，齿间的弹簧为 1～3 层，为便于安装分成 6～8 段。蛇形板簧用外壳 4、5 罩住。

以蛇形弹簧联轴器为代表的金属弹性元件的挠性联轴器，补偿偏移能力强，适用于大功率的机械传动。

2.5.2　联轴器的选用

根据工作载荷的大小和性质，转速的高低，两轴相对偏移的大小，环境状况，装拆维护和经济性等方面的因素，选择合适的联轴器类型。例如，在载荷平稳、转速恒定、低速的场合，刚性大的短轴，可选用刚性联轴器；刚性小的长轴，可选用无弹性元件的挠性联轴器。在载荷多变、高速回转、频繁起动、经常反转和两轴不能保证严格对中的场合，可选用弹性元件的挠性联轴器。

2.5.3 离合器

离合器可以根据需要使两轴接合或分离，以满足机器变速、换向、空载起动、过载保护等方面的要求。离合器应当接合迅速、分离彻底、动作准确、调整方便。

1. 离合器的分类

(1) 按工作原理不同，离合器可分为嵌入式和摩擦式两类。

(2) 按控制方式不同，离合器可分为操纵式和自动式两类。

(3) 按操纵方式不同，离合器可分为机械离合器、电磁离合器、液压离合器和气压离合器等。

可自动离合的离合器有超越离合器、离心离合器和安全离合器等，它们能在特定条件下自动接合或分离。

2. 对离合器的基本要求

(1) 分离、接合迅速，平稳无冲击，分离彻底，动作准确可靠。

(2) 结构简单、重量轻、惯性小、外形尺寸小、工作安全、效率高。

(3) 接合元件耐磨性好、使用寿命长、散热条件好。

(4) 操纵方便省力、制造容易、调整维修方便。

2.5.4 离合器的选用

嵌入式离合器的结构简单，外形尺寸较小，两轴间的连接无相对运动，一般适用于低速接合、转矩不大的场合。

摩擦式离合器可在任何转速下实现两轴的接合或分离，接合过程平稳，冲击振动较小，可有过载保护作用，但尺寸较大，在接合或分离过程中要产生滑动摩擦，故发热量大，磨损也较大。

电磁摩擦离合器可实现远距离操纵，动作迅速，没有不平衡的轴向力，因而在数控机床等机械中获得了广泛的应用。

本 章 小 结

键(平键、半圆键和楔键)连接、花键(矩形花键、渐开线花键)连接及销(定位销、连接销、安全销)连接都属于轴毂连接。

螺纹连接包括螺栓(普通螺栓、铰制孔用螺栓)连接、双头螺柱连接、螺钉连接及紧定螺钉连接。对螺纹连接的结构和尺寸之间的关系有明确的规定。拧紧可提高连接的紧密性、紧固性和可靠性。在冲击、振动和变载荷作用下的螺纹连接必须采取摩擦力防松、锁住防松、永久性防松等措施。

弹性连接是依靠弹性零件实现被连接件在有限相对运动时仍保持固定联系的动连接。

联轴器和离合器都属于轴间连接。要根据工作载荷的大小和性质、转速高低、两相对偏移的大小及形式、装拆维护和经济性等方面的因素，选择联轴器的类型。

习 题

2-1 键连接的作用是什么？按结构和工作原理键连接可分为哪几种？
2-2 平键连接如何选用？是如何标记的？
2-3 螺纹连接为什么要防松？常用的防松措施有哪些？
2-4 螺纹连接的类型及应用有哪些？
2-5 联轴器与离合器有何区别？

第3章 机 构

许多机器的执行部分需要做非匀速的间歇、往复或直线运动，才能满足工作要求。所以仅靠机械传动是不够的，还需要有能够变换运动形式的机构，常见的机构有平面四杆机构、凸轮机构和多种间歇运动机构。

3.1 运动副和构件

3.1.1 运动副

机构是用来传递运动和力的构件系统。机构中的各个构件以一定的方式彼此连接。这种连接与焊接、铆接的固定连接不同，既要对构件的运动加以限制，又允许连接的两构件之间具有一定的相对运动。这种直接接触的两个构件间的可动连接称为运动副。两构件间的相对运动为平面运动时构成平面运动副。

平面运动副有以下两种类型。

1. 低副

两构件通过面与面接触组成的运动副称为低副，如图 3-1 所示。由于低副是面接触，在承受载荷时压强较低，便于润滑，故不易磨损。

(a)转动副　　　　　　　　　(b)移动副

图 3-1　平面低副

低副按照两构件间允许相对运动的形式不同分为以下两类。

(1)转动副。如图 3-1(a)所示，构件 1 和构件 2 用铰链连接，两构件只能绕铰链轴线做相对转动。如轴与轴承之间的可动连接，属于转动副。

(2)移动副。如图 3-1(b)所示，构件 1 和构件 2 之间只能沿某一轴线做相对移动。如滑块与导路之间的可动连接，属于移动副。

2. 高副

两构件以点或线的形式相接触组成的运动副称为高副。如图 3-2 所示的齿轮副和凸轮副都是高副，构件 2 可以相对构件 1 绕接触点 A 转动，又可以沿接触点的切线 t-t 方向移动，而只有沿公法线 n-n 方向的运动受到限制。

由于高副是以点或线相接触，其接触部分的压强较高，故易磨损。

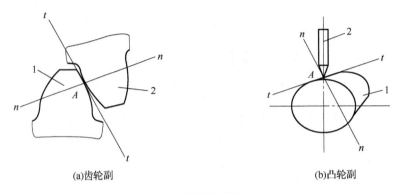

(a)齿轮副　　　　　　　　　　(b)凸轮副

图 3-2　平面高副

3.1.2　构件

机构中的构件分为三类：固定构件称为机架；按给定的已知运动规律独立运动的构件称为原动件；其余活动构件则称为从动件。从动件的运动规律取决于原动件的运动规律和机构中运动副和构件的结构及尺寸。

构件的结构与受力状况、运动特点及相对尺寸等因素有关。

※3.1.3　平面机构的运动简图

实际的机器或机构比较复杂，构件的外形和构造也各式各样。但是机构的相对运动只与运动副的数目、类型、相对位置及某些尺寸有关，而与构件的截面尺寸、组成构件的零件数目、运动副的具体结构等无关。因此在研究机器或机构运动时，可以不考虑与运动无关的因素。用线条表示构件，用简单符号表示运动副的类型，按一定比例确定运动副的相对位置及与运动有关的尺寸，这种简明表示机构各构件间运动关系的图形称为机构运动简图。

对于只为了表示机构的结构及运动情况，而不严格按照比例绘制的简图，通常称为机构示意图。

在机构运动简图中，构件和常见运动副的表示符号见表 3-1。

表 3-1　机构运动简图符号

凸轮机构	曲柄滑块机构	齿轮齿条传动	带传动
螺旋传动	直杆的支点	内齿轮传动	带传动

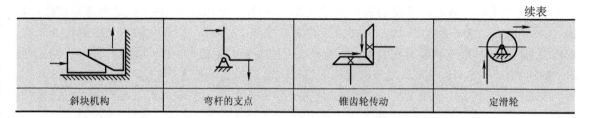

从机器实物或机器装配图中绘制平面机构运动简图的步骤如下。

(1) 观察机构的运动情况,找出原动件(即运动规律已知的构件,通常也是驱动机构外力所作用的构件)、工作构件(即直接执行生产任务或最后输出运动的构件)和机架(即固定构件)。

(2) 根据相连两构件间的相对运动性质和接触情况,确定各个运动副的类型。

(3) 根据机构实际尺寸和图纸大小确定适当的长度比例尺 μ_l,即

$$\mu_l = 实际长度(m)/图示长度(mm)$$

按照各运动副间的距离和相对位置,以规定的符号将各运动副表示出来。

(4) 用直线或曲线将同一构件上的运动副连接起来,即为所要画的机构运动简图。

例 3-1 试绘制图 3-3 所示单缸内燃机的机构运动简图。已知 $l_{AB}=75\mathrm{mm}$,$l_{BC}=300\mathrm{mm}$。

解 (1) 在内燃机中,活塞为原动件,曲轴 AB 为工作构件。活塞的往复运动经连杆 BC 变换为曲轴 AB 的旋转运动。

(2) 活塞与缸体(机架)组成移动副,与连杆 BC 在 C 点组成转动副;曲轴与缸体在 A 点组成转动副,与连杆 BC 在 B 点组成转动副。

(3) 选长度比例尺 $\mu_l=0.01\mathrm{m/mm}$,按规定符号绘制机构运动简图,如图 3-3 所示。活塞的大小与运动无关,可酌定。

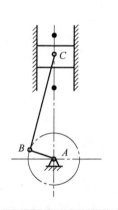

图 3-3 单缸内燃机机构运动简图

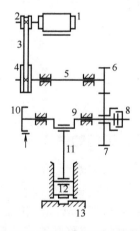

图 3-4 机械压力机机构示意图

1-电动机;2-小带轮;3-皮带;4-大带轮;5-传送轴;6-小齿轮;7-大齿轮;
8-离合器;9-曲轴;10-制动器;11-连杆;12-滑块;13-机架

例 3-2 试绘制图 3-4 所示机械压力机的机构示意图。

解 用规定的符号绘制机构示意图,如图 3-4 所示。电动机 1 固定在机架上,小带轮 2 装

在电动机外伸轴上,传送轴 5 左端装有大带轮 4,右端装有小齿轮 6,并与机架组成转动副(轴承)。曲轴 9 左端装有制动器 10,中间以转动副与连杆 11 相连,次右端装有与小齿轮 6 组成高副的大齿轮 7,最右端装有离合器 8。连杆 11 下端与滑块 12 构成转动副(在图 3-4 的原理图中被遮挡)。滑块 12 连同凸模与机架构成移动副。凹模与机架 13 固定连接。

电动机、带传动、离合器、制动器等的规定符号在表 3-1 中未列入,可查阅《机械设计手册》。

3.2 平面四杆机构

机构按其运动空间分为平面机构和空间机构两类。平面机构是指所有构件都在同一平面或互相平行平面内运动的机构;空间机构则相反,它主要传递空间复杂运动。

平面连杆机构是将所有刚性构件以转动副或移动副连接而成的平面机构,属于低副机构。它能够实现某些较为复杂的平面运动,在生产中广泛用于动力的传递或运动形式的改变。

在平面连杆机构中,最常见的是由四个构件组成的四杆机构,而构件间全部以转动副连接成的四杆机构称为铰链四杆机构。铰链四杆机构是四杆机构的基本形式,也是其他多杆机构的基础。图 3-5 所示为一铰链四杆机构,它由四根杆状的构件分别以转动副连接而成。图 3-5(b)所示为此铰链四杆机构的简图。

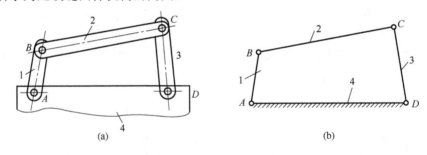

图 3-5 铰链四杆机构

1、3-连架杆;2-连杆;4-机架

3.2.1 铰链四杆机构的组成

(1)机架:固定不动的杆。
(2)连杆:不与机架直接连接的杆件。
(3)连架杆:与机架用转动副相连接的杆。

若连架杆能绕铰链作整周的连续旋转,称为曲柄;若连架杆只能来回摆动一个角度,称为摇杆。

3.2.2 铰链四杆机构的基本形式

铰链四杆机构由机架、连架杆和连杆组成。选定其中一个构件作为机架后,直接与机架连接的构件称为连架杆,其中能够做整周回转的连架杆称为曲柄,只能在某一角度范围内往复摆动的连架杆称为摇杆。不直接与机架连接的构件称为连杆。在铰链四杆机构中,按照连架杆是否可以做整周转动,可以将其分为三种基本形式,即曲柄摇杆机构、双曲柄机构和双摇杆机构。

1. 曲柄摇杆机构

在铰链四杆机构的两个连架杆中,若一个为曲柄,另一个为摇杆,则此四杆机构称为曲柄摇杆机构。图 3-6 所示为雷达天线俯仰角度调整装置,当原动曲柄 1 转动时,通过连杆 2,使与摇杆 3 固定连接的抛物面天线可以做一定角度的摆动,以调整天线的俯仰角度。图 3-7 所示为缝纫机踏板机构,当原动摇杆(踏板)CD 上下摆动时,通过连杆 BC,使曲柄(曲轴)AB 转动,从而将动力输出。

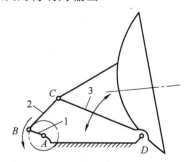

图 3-6 雷达天线俯仰角度调整装置

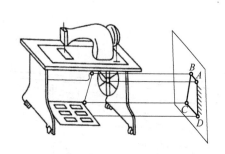

图 3-7 缝纫机踏板机构

1-原动曲柄;2-连杆;3-摇杆

在生产生活中,曲柄摇杆机构应用很广,图 3-8 所示为一些应用实例:图 3-8(a)所示为剪板机,图 3-8(b)所示为汽车刮水器,图 3-8(c)所示为搅拌机,图 3-8(d)所示为颚式破碎机。在曲柄 AB 连续回转的同时,摇杆 CD 可以往复摆动,分别完成剪切、刮水、搅拌、矿石破碎等动作。

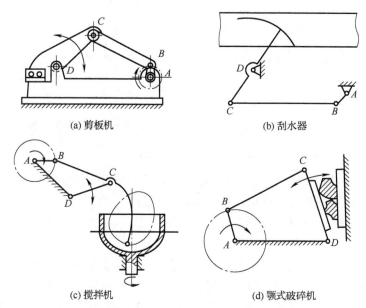

图 3-8 曲柄摇杆机构的应用实例

2. 双曲柄机构

若四杆机构的两个连架杆均为曲柄,则此四杆机构称为双曲柄机构。图 3-9 所示为惯性筛机构，其中 ABCD 为双曲柄机构，当主动曲柄 AB 做等角速度转动时，从动曲柄 DC 做变角速度转动，通过构件 CE 使筛体做变速往复直线移动，筛面上的物料由于惯性而来回抖动，从而实现筛选功能。

图 3-10 所示为插床的主运动机构运动简图。当主动曲柄 AB 做等速回转时，连杆 BC 带动从动曲柄构件 CDE 做周期性变速回转，再通过构件 EF 使滑块带动插刀做上下往复运动，实现慢速工作行程（下插）和快速退刀行程的工作要求。

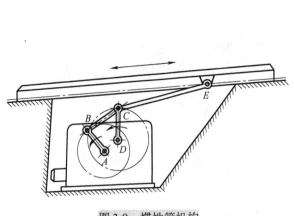

图 3-9 惯性筛机构

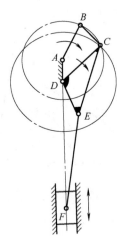

图 3-10 插床的主运动机构

在双曲柄机构中，除了不等长的双曲柄机构外，还有平行四边形机构和反向平行双曲柄机构，如图 3-11 所示。

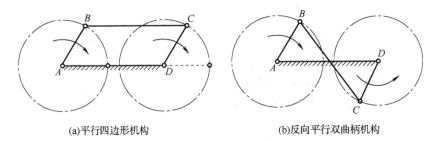

(a)平行四边形机构　　　　　　　　(b)反向平行双曲柄机构

图 3-11 等长双曲柄机构

(1)平行四边形机构。连杆与机架的长度相等且两个曲柄的长度也相等，若两曲柄的转向相同，则此机构称为平行四边形机构，如图 3-11(a)所示。可以看出，平行四边形机构的运动特点是：两曲柄的回转方向相同，角速度相等。图 3-12 所示的铲斗机构和图 3-13 所示的机车车轮联动装置，均采用了平行四边形机构。

(2)反向平行双曲柄机构。连杆与机架的长度相等且两个曲柄的长度也相等，若两曲柄的转向不同，则此机构称为反向平行双曲柄机构，如图 3-11(b)所示。可以看出，反向平行双曲柄机构的运动特点是：两曲柄的回转方向相反，角速度不等。图 3-14 所示的车门启闭机构采用了反向平行双曲柄机构，以实现两车门同时开关的功能。

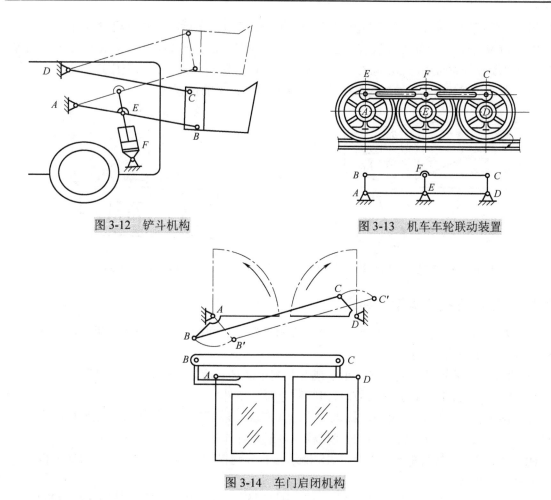

图 3-12 铲斗机构

图 3-13 机车车轮联动装置

图 3-14 车门启闭机构

3. 双摇杆机构

在铰链四杆机构中，若两个连架杆都是摇杆，则称为双摇杆机构。

图 3-15 所示为鹤式起重机的提升机构。当主动摇杆 AB 摆动时，从动摇杆 DC 也随之摆动，并使连杆 BC 上 E 点的轨迹近似于水平直线，该点所吊重物做水平移动，从而避免了由不必要的升降所引起的能耗。

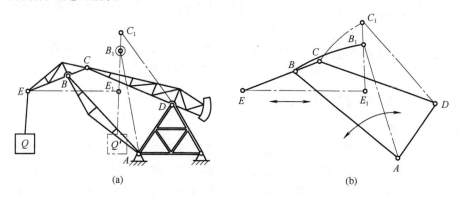

图 3-15 鹤式起重机的提升机构

图 3-16 所示为采用双摇杆机构的飞机起落架收放机构。与机架相连的连架杆 AB 和 DC

都是摇杆。实线表示着陆时轮子伸出位置,双点画线表示起飞后轮子收进机身位置。

图 3-17 所示为采用双摇杆机构的自卸翻斗装置。杆 AD 为机架,当液压缸活塞杆向右伸出时,可带动双摇杆 AB 与 DE 向右摆动,使翻斗中的货物自动卸下;当液压缸活塞杆向左缩回时,可带动双摇杆 AB 与 DE 向左摆动,使翻斗回到原来的位置。

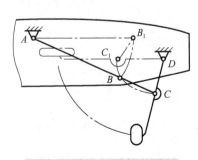

图 3-16 飞机起落架收放机构

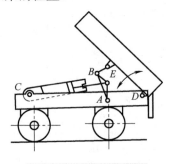

图 3-17 自卸翻斗装置

3.2.3 铰链四杆机构类型的判定

铰链四杆机构中是否存在曲柄,取决于各构件长度之间的关系。分析表明,连架杆成为曲柄必须满足下列两条件:

(1)最长杆与最短杆长度之和,小于或等于其余两杆长度之和(简称杆长和条件);
(2)连架杆与机架两者之一为最短杆(简称最短杆条件)。

如果满足杆长和条件,铰链四杆机构的形式取决于最短杆:以最短杆作连架杆,为曲柄摇杆机构;以最短杆作机架,为双曲柄机构;以最短杆作连杆,为双摇杆机构。

例 3-3 已知各构件的尺寸如图 3-18 所示,若分别以构件 AB、BC、CD、AD 为机架,相应得到何种机构?

解 AB 为最短杆,BC 为最长杆,因 $l_{AB}+l_{BC}$=800mm+1300mm=2100mm<$l_{CD}+l_{AD}$=1000mm+1200mm=2200mm,满足杆长和条件。

若以 AB 为机架,因最短杆为机架,两连架杆均为曲柄,所以得到双曲柄机构;

若以 BC 或 AD 为机架,因最短杆为连架杆,且为曲柄,所以得到曲柄摇杆机构;

若以 CD 为机架,因最短杆为连杆,不满足最短杆条件,无曲柄,所以得到双摇杆机构。

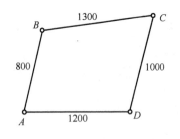

图 3-18 铰链四杆机构类型的判定

3.2.4 含有一个移动副的四杆机构

1. 曲柄滑块机构

图 3-19 中,构件 3 与机架 4 用移动副相连,又与连杆 2 用转动副相连,称为滑块。由曲柄、连杆、滑块和机架组成的机构,称为曲柄滑块机构。滑块上转动副中心的移动导路先通过曲柄转动中心的(图 3-19(a)),称为对心曲柄滑块机构;与曲柄转动中心有偏心距 e 的(图 3-19(b)),称为偏置曲柄滑块机构。H 为滑块行程。

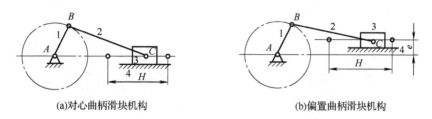

(a)对心曲柄滑块机构　　　　(b)偏置曲柄滑块机构

图 3-19　曲柄滑块机构

1、2-连杆；3-构件；4-机架

曲柄滑块机构可将主动滑块的往复直线运动，经连杆转换为从动曲柄的连续转动，应用于内燃机中；也可将主动曲柄的连续转动，经连杆转变为从动滑块的往复直线运动，应用于往复式气体压缩机、往复式液体泵等机械中。

2. 摇杆滑块机构

若将图 3-19(a)中的滑块构件 3 作为机架(图 3-20)，BC 杆称为绕铰链 C 摆动的摇杆，AC 杆称为滑块。做往复移动，就得到摇杆滑块机构，常用于图 3-21 所示的手摇唧筒或双作用式水泵等机械中。

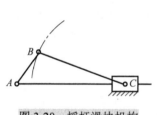

图 3-20　摇杆滑块机构

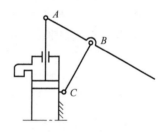

图 3-21　手摇唧筒

3. 曲柄摇块机构

若将图 3-19(a)中的连杆 BC 作为机架，滑块只能绕 C 点摆动，就得到曲柄摇块机构(图 3-22)，常用于图 3-23 所示的汽车吊车等摆动缸式气、液动机构中。

4. 导杆机构

若将图 3-19(a)中的构件 AB 作为机架，构件 BC 称为曲柄，构件 3 沿机架 4(又称倒杆)移动并作平面运动，就得到曲柄导杆机构(图 3-24)。若 $l_1 \leqslant l_2$(图 3-24(a))，导杆 4 能做整周转动，称为曲柄转动导杆机构，常与其他构件组合，用于插床以及回转泵等机械中。若 $l_1 > l_2$(图 3-24(b))，导杆 4 只能作摆动，称为曲柄摆动导杆机构，常与其他构件组合，用于牛头刨床和插床等机械中。

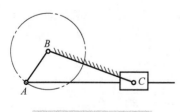

图 3-22　曲柄摇块机构

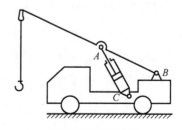

图 3-23　汽车吊车

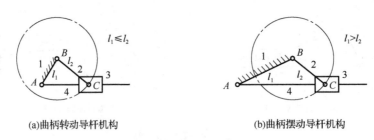

(a)曲柄转动导杆机构　　　　　(b)曲柄摆动导杆机构

图 3-24　导杆机构

1-机架；2-连杆；3-滑块；4-导杆

3.2.5　平面四杆机构的基本特性

1. 急回特性

对于插床、刨床等单向工作的机械，为了缩短刀具非切削时间，提高生产率，要求刀具快速返回。某些平面四杆机构能实现这一要求。

图 3-25 所示的曲柄摇杆机构中，设曲柄 AB 为主动件，以等角速度 ω_1 做顺时针转动；摇杆 CD 为从动件，向右摆动为工作行程，向左摆动为返回行程。当曲柄转至 AB_1 时，连杆位于 B_1C_1，与曲柄重叠共线，摇杆处于左极限位置 C_1D；当曲柄由 AB_1 转过 $(180°+\theta)$ 到达 AB_2 时，连杆位于 B_2C_2，与曲轴的延长线共线，摇杆则向右摆动 ψ 角，到达右极限位置 C_2D，完成了工作行程。

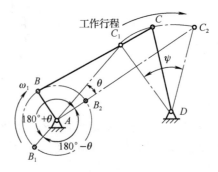

图 3-25　急回特性分析

工作行程所用时间 $t_1 = \dfrac{180°+\theta}{\omega_1}$，摇杆上 C 点的平均速度 $V_1 = \dfrac{\widehat{C_1C_2}}{t_1}$。曲柄由 AB_2 继续转过 $(180°-\theta)$ 回到 AB_1 时，摇杆则向左摆动 ψ 角，到达左极限位置 C_1D，完成了返回行程。返回行程所用时间 $t_2 = \dfrac{180°-\theta}{\omega_1}$，摇杆上 C 点的平均速度 $v_2 = \dfrac{\widehat{C_2C_1}}{t_2}$。

因为 $180°+\theta > 180°-\theta$，即 $t_1 > t_2$，所以摇杆的 $v_1 > v_2$。当主动件等速转动时，做往复运动的从动件在返回行程中的平均速度大于工作行程中的平均速度特性，称为急回特性。急回特性的程度可用和的比值 K 来表达，K 称为行程速度变化系数，即

$$K = \dfrac{v_2}{v_1} = \dfrac{\widehat{C_2C_1}/t_2}{\widehat{C_1C_2}/t_1} = \dfrac{t_1}{t_2} = \dfrac{(180°+\theta)/\omega_1}{(180°-\theta)/\omega_1} = \dfrac{180°+\theta}{180°-\theta}$$

可见，行程速度变化系数与 θ 有关。θ 是从动件摇杆处于两极限位置时，相应的曲柄位置线所夹的锐角，称为极位夹角。$\theta>0°$，则 $K>1$，机构具有急回特性；$\theta=0°$，则 $K=1$，机构无急回特性。θ 越大，急回特性越明显，但机构的传动平稳性下降。通常取 $K=1.2\sim2.0$。

※2. 压力角与传动角

在图 3-26 所示的曲柄摇杆机构中，主动件曲柄经连杆传递到从动件摇杆上 C 点的力 F，与受力点运动速度 v_c 之间所夹的锐角 α，称为机构在该位置的压力角。压力角 α 的余角 γ 称为传动角。压力角 α 和传动角 γ 在机构运动过程中是变化的。

显然，压力角 α 越小或传动角 γ 越大，对机构的传动越有利；而 α 越大 γ 越小，会使转动副中的压力增大，磨损加剧，降低机构的传动效率。因此，压力角不能太大或传动角不能太小，规定工作行程中的最小传动角 $\gamma_{\min}\geqslant 40°\sim50°$。

分析表明，对于 $K>1$ 的机构，当直线 C_1C_2 与 AD 的焦点在线段 AD 范围外时，工作行程中的 $\gamma_{\min}$ 一般出现在摇杆处于右极限位置，即工作行程的终了位置。

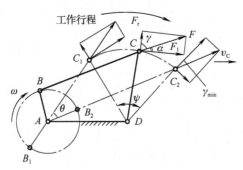

图 3-26 传力特性分析

3. 死点位置

如图 3-27 所示，若曲柄摇杆机构一摇杆为主动件，而曲柄为从动件，当机构处于图中双点划线所示的两个位置之一时，由于摇杆处于极限位置，连杆与曲柄共线，摇杆经连杆传递到曲柄上的作用力，刚好通过曲柄回转中心，$\gamma=0°$，无法使曲柄转动，出现"顶死"现象，机构的这个位置称为死点位置。死点位置常使机构从动件无法运动或出现运动不确定现象。为了使机构能顺利通过死点，可以在曲柄上安装飞轮，利用惯性闯过死点位置。工程上也利用死点位置满足特殊要求，如图 3-28 所示的飞机起落架以及折叠式家具、夹具等机构中，利用死点位置获得可靠的工作状态。

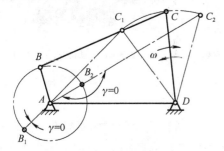

图 3-27 死点位置分析

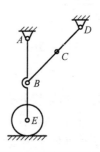

图 3-28 飞机起落架机构

3.3 凸轮机构

凸轮机构是由具有一定轮廓形状的凸或凹槽的凸轮、从动件和机架所组成的高副机构。凸轮机构主要用于转换运动形式，它将凸轮的连续转动或移动转换为从动件的连续或间歇的往复移动或摆动。只要适当地设计凸轮的轮廓曲线，可使从动件获得任意预定的运动规律。凸轮机构结构简单、紧凑，但是因为凸轮与从动件之间是高副接触，易于磨损，所以一般用于受力不大的场合。另外，受凸轮尺寸的限制，也不适用于要求从动件行程较大的场合。

3.3.1 凸轮机构的分类及应用

工程实际中使用的凸轮机构类型很多，常用的分类方法有以下几种。

1. 按照凸轮的形状分类

(1) 盘形凸轮。如图 3-29 所示，凸轮 1 呈圆盘状，径向尺寸远大于轴向尺寸，具有变化的向径。当其绕固定轴转动时，推动从动件 2 在垂直于凸轮轴线的平面内运动，属于平面凸轮机构。盘形凸轮是凸轮最基本的形式，应用广泛。构件 3 为机架，构件 4 为压缩弹簧。

(2) 移动凸轮。如图 3-30 所示，凸轮 1 呈板状，相对于机架作直线移动，其上的轮廓曲线驱动从动件 2 实现预期的运动，也属于平面凸轮机构。构件 3 为支承从动件 2 的支架，可作水平移动。

(3) 圆柱凸轮。如图 3-31 所示，凸轮 1 呈圆柱状，其轮廓曲线是卷绕在圆柱体上的凹槽，可视为由移动凸轮演化而成，属于空间凸轮机构。从动件 2 可绕 C 点摆动。

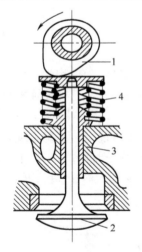
图 3-29 内燃机配气凸轮机构
1-凸轮；2-从动件；3-机架；4-压缩弹簧

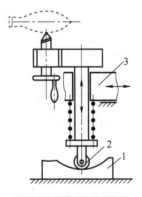
图 3-30 靠模凸轮机构
1-凸轮；2-从动件；3-支架

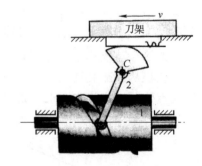
图 3-31 刀具进给凸轮机构
1-凸轮；2-从动件

2. 按照从动件的形状分类

(1) 尖顶从动件。从动件的尖顶与凸轮轮廓接触，无论凸轮轮廓曲线如何复杂，都能实现接触，从而使从动件实现所需的运动规律。但这种从动件尖端易磨损，只适用于载荷较小的低速场合。

(2) 滚子从动件。如图 3-30 和图 3-31 所示，已铰接从动件端部的滚子与凸轮轮廓接触，滚子与凸轮轮廓件为滚动摩擦,磨损小,可用来传递较大的载荷,故应用广泛。

(3)平底从动件。如图 3-29 所示,以平底与凸轮轮廓线接触。若不考虑摩擦,凸轮对从动件的作用力始终垂直于平底,所以受力平稳,传动效率高。此外,平底与凸轮轮廓间易形成楔形油膜,利于润滑,常用于高速场合,但不能用于内凹的凸轮轮廓。

3. 按照从动件的运动形式分类

(1)移动从动件。如图 3-29 和图 3-30 所示,从动件作往复直线运动。

(2)摆动从动件。如图 3-31 所示,从动件作往复摆动。

4. 按照凸轮与从动件间的锁合方式分类

使凸轮与从动件始终保持接触称为锁合。根据锁合方式的不同,可分为:利用重力、弹簧力或其他外力进行锁合的凸轮机构(图 3-29 和图 3-30);依靠凸轮凹槽两侧的轮廓曲线或从动件的特殊构造使从动件与凸轮始终保持锁合接触的凸轮机构(图 3-31)等。

3.3.2 凸轮机构运动分析

凸轮机构中,从动件的运动是由凸轮轮廓曲线决定的。一定轮廓曲线的凸轮能够驱动从动件按照一定规律运动;反之,从动件的不同运动规律,要求凸轮具有不同的轮廓曲线。因此,凸轮机构的设计,一般是根据工作要求选择或设计从动件的运动规律,再根据从动件的运动规律设计凸轮的轮廓曲线。

1. 从动件的运动曲线

从动件的运动规律,指从动件的位移 s、速度 v 和加速度 a 随时间 t 而变化的规律。当凸轮作匀速转动时,其转角 δ 与时间 t 成正比($\delta = \omega t$),所以从动件的运动规律也可以用从动件的位移、速度、加速度随凸轮转角而变化的规律来描述,即 $s = s(\delta)$,$v = v(\delta)$,$a = a(\delta)$。通常把从动件的 s、v、a 随 t 或 δ 而变化的直角坐标曲线称为从动件的运动线图,它直观地描述了从动件的运动规律。现以图 3-32 所示对心尖顶移动从动件盘形凸轮机构为例,进行运动分析。

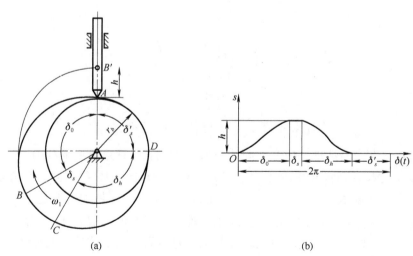

图 3-32 凸轮机构的运动分析

2. 盘形凸轮

以凸轮轮廓最小向径 r_b 为半径所作的圆称为凸轮的基圆,r_b 称为基圆半径。从动件在图中处于即将上升的起始位置，其尖顶与凸轮在 A 点接触。当凸轮以匀角速度 w_1 顺时针转动 δ_0 时，凸轮轮廓 AB 段推动从动件以一定的运动规律上升到最高位置 B′，这个过程称为推程，从动件移动的距离 h 称为升程，对应的凸轮转角 δ_0 称为升程角。当凸轮继续转过 δ_s 时，凸轮轮廓 BC 段直径不变，故从动件停在最远处不动，相应的凸轮转角 δ_s 称为远休止角。当凸轮继续转动 δ_h 时，凸轮轮廓 CD 段直径逐渐减小，从动件在重力或弹簧力作用下，紧密接触凸轮轮廓，从而以一定的运动规律回到起始位置，这个过程称为回程，角 δ_h 称为回程角。当凸轮继续转过 δ_s' 时，凸轮轮廓 DA 段直径不变，因此从动件停留在起始位置不动，凸轮转角 δ_s' 称为近休止角。当凸轮继续转动时，从动件重复上述运动。以直角坐标系的横坐标表示时间 t 或凸轮转角 δ，以纵坐标表示从动件位移 s，以从动件的初始位置作为其位移的零点，做出其 s-δ 线图，如图 3-32(b) 所示，称为从动件的位移线图。

3.3.3 凸轮机构的传力特性

图 3-33 所示为一尖顶对心移动从动件盘形凸轮机构在推程某一位置的受力情况，如果不考虑摩擦，凸轮给予从动件的推力 F 应沿着接触点 A 的公法线 nn 方向，它与从动件在该点的速度 v 的方向所夹的锐角 α 称为凸轮在 A 点的压力角。在工作过程中，从动件与凸轮轮廓上各点接触时，因为其所受的推力 F 的方向是变化的，所以凸轮轮廓上各点的压力角也是不同的。

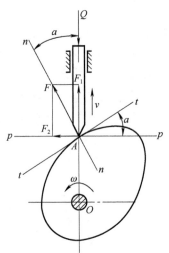

图 3-33　压力角与凸轮机构的传力特性

推力 F 可以分解为沿从动件速度方向的分力 F_1 和垂直于速度方向的分力 F_2：

$F_1 = F\cos\alpha$（推动从动件运动的有效分力），　$F_2 = F\sin\alpha$（增大摩擦力的有害分力）

显然 α 越小，F_1 越大，F_2 越小，传力特性越好；反之，α 越大，F_1 越小，F_2 越大，导路中侧压力越大，摩擦阻力越大，凸轮转动越困难。当压力角 α 增大到一定程度，有效分力不足以克服摩擦阻力时，无论凸轮对从动件的推力有多大，从动件都不能运动，这种现象称为自锁。

由以上分析可以看出，从改善传力特性、提高效率的角度出发，希望压力角越小越好。但是压力角越小，则凸轮基圆半径越大，从而使机构尺寸增大。因此，从使机构尺寸紧凑的角度考虑，希望压力角越大越好。通常希望凸轮机构既有较好的传力特性，又具有紧凑的结构尺寸。压力角的一般选择原则为：在传力许可的条件下，尽量取较大的压力角。为了使机构能顺利工作，规定了压力角的许用值$[\alpha]$，应使$\alpha \leqslant [\alpha]$。根据实践经验，推程的许用压力角：移动从动件$[\alpha] \leqslant 30°$；摆动从动件$[\alpha] \leqslant 45°$。回程时，传力已不是主要问题，而主要考虑减小凸轮尺寸，可取$[\alpha] \leqslant 70° \sim 80°$。

本 章 小 结

机构是用来传递运动和力的构件系统。机构中的各构件以平面低副（转动副、移动副）和平面高副（齿轮副、凸轮副等）等方式连接。

平面四杆机构包括铰链四杆机构和含有一个移动副的四杆机构。铰链四杆机构可以将主动件的连续转动或往复摆动变换为从动件的连续转动或往复转动。曲柄滑块机构等含移动副的四杆机构受力状况良好。

凸轮机构是由具有一定轮廓或凹槽的凸轮、从动件和机架所组成的高副机构，主要用于转换运动形式，它可将凸轮的连续转动或移动转换为从动件的连续或间歇的往复移动或摆动。

习 题

3-1 铰链四杆机构的基本形式有哪几种？各自的运动特性是什么？

3-2 在对心曲柄滑块的基础上，通过以不同的构件为机架，可以得到哪些含有移动副的四杆机构？

3-3 机构的压力角和传动角是确定值还是变化值？它们对机构的传力性能有何影响？

3-4 在图 3-34 所示的铰链四杆机构中，各构件的长度如图所示，分别以 a、b、c、d 为机架时，得到什么类型的机构？

3-5 阐述凸轮机构的分类。

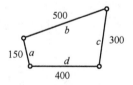

图 3-34 习题 3-4 图

第4章 机械传动

电动自行车由电池、电动机、大链轮、小链轮、链条、车轮、控制手柄以及机架等主要部分组成。电动机把电能转化成机械能,称为原动机部分。为了使电动自行车能够正常行驶,需要将原动机的动力通过大、小链轮和链条来传递运动,这些零件的组合构成了电动自行车。人们见到的机器都是通过各种传动装置来传递运动和动力的,如汽车、飞机、机床等。

机械传动装置常见的有带传动、链传动、齿轮传动、蜗杆传动等。

4.1 带传动

4.1.1 带传动的组成与工作原理

带传动由主动带轮、传动带和从动带轮组成,工作时靠带与带轮之间产生的摩擦力或啮合作用来传递运动和动力。工作中当圆周力超过极限摩擦力时,带将沿带轮发生全面的滑动,从动轮将停止转动,这种现象称为打滑。根据带的截面形状可分为平带传动、V带传动、圆带传动和同步带传动等。同步带传动属于啮合传动,其他属于摩擦传动。

4.1.2 带传动的类型、特点和应用

1. 带传动的类型

(1)平带传动。如图4-1所示,带的断面呈矩形,靠带的内表面与带轮外圆间的摩擦力传递动力。平带标准化,适用于两轴中心距较大的场合。

(2)V带传动。如图4-2所示,带的断面呈倒梯形,靠带两侧面与带轮的轮槽之间产生的摩擦力来传递动力,在相同的初拉力条件下,V带传递的功率是平带的3倍,因此V带应用最广。

图4-1 平带传动

图4-2 V带传动

(3)同步带传动。如图4-3所示,带的内表面有梯形或圆形齿,靠带与带轮之间的啮合来传动,也称为齿形带传动。同步带传动主要应用于高速、高精度的中小功率传动中,如数控机床的伺服进给电动机传动、内燃机配气机构凸轮轴传动。

2. 带传动的特点

带传动在机械传动中应用很广,从家用洗衣机、金属切削机床,到运输、冶金、建筑、纺织等各行业机械,都离不开带传动。图4-4所示汽车和拖拉机的发动机中采用的是带传动。

图4-3 同步带传动

图4-4 内燃机正时系统带传动

带传动的主要特点如下。
(1) 带具有弹性，能起缓冲、吸振的作用，传动平稳，噪声小。
(2) 发生过载时，传动带会在带轮上打滑，起到安全保护的作用。
(3) 结构简单，成本低，无须润滑，维护方便，适用于中心距较大的传动。
(4) 存在弹性滑动现象，不能保证准确的传动比，使用寿命短。

4.1.3 V带的结构与标准

1. V带的结构

V带的结构如图4-5所示，由顶胶、抗拉层、底胶和外包布层四部分组成。顶胶、底胶的外包布层主要材料是橡胶，抗拉体由尼龙材料制成，在带工作中起承载作用。

2. 标准

普通V带是无接头的环形带，是标准件。按截面尺寸从小到大分为Y、Z、A、B、C、D、E七种型号。截面积越大，传递的功率越大。如家用波轮洗衣机选用Z型带，带长400mm。Y、Z型主要用于办公设备和洗衣机等家用电器。每根V带的顶面都压印有标记，由带型基准长度和标准编号所组成。普通V带的基准长度是指在规定的张力下，V带位于测量带基准直径上的周长，也称为节线长度，用L_d表示。

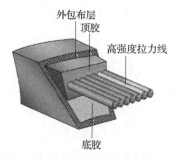
图4-5 V带结构

例如，CA6140普通车床用的V带，标记为B 2240 GB/T 11544—2012，表示B型普通V带，基准长度L_d=2240，标准编号为GB/T 11544—2012。

4.1.4 带轮的结构与材料

1. 带轮的结构

带轮的结构取决于带轮基准直径d_d的大小，如图4-6所示。
其各部分名称如图4-7所示。

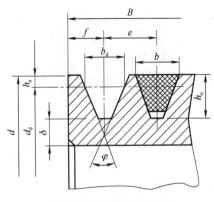

图 4-6 带轮槽的结构

图 4-7 带轮结构

(1) 当 $d_d \leqslant 150$mm 时，可制成实心式，如图 4-8 所示。

(2) 当 $d_d = 150 \sim 450$mm 时，可制成腹板式，或制成孔板式，如图 4-9 所示。

(3) 当 $d_d > 450$mm，可制成椭圆轮辐式，如图 4-10 所示。

图 4-8 实心式

图 4-9 腹板式

图 4-10 椭圆轮辐式

2. 带轮的材料

带轮常用的材料有灰铸铁、钢、铝合金和工程塑料。低速或小功率传动时，带轮材料可选用工程塑料、铝合金或钢板冲压。例如，家用洗衣机用工程塑料作带轮，台式钻床用铝合金做成塔形 V 带轮。一般较多选用铸铁材料作带轮。

4.1.5 带传动的传动比

在带传动中，主动轮的转速与从动轮的转速之比，称为带传动的传动比，用 i_{12} 表示。如果不考虑带与带轮间弹性滑动因素的影响，传动比计算公式可以用主、从动轮基准直径来表示。

$$i_{12} = \frac{n_1}{n_2} = \frac{d_{d2}}{d_{d1}}$$

式中，n_1、n_1 为主、从动轮转速，r/min；d_{d1}、d_{d2} 为主、从动轮基准直径，mm。

通常带传动的单级传动比≤5。

例 4-1 某车床的电动机转速为 1440r/min，主动带轮的基准直径为 125mm，从动带轮的转速为 804r/min，求从动带轮的基准直径。

解

$$i_{12} = \frac{n_1}{n_2} = \frac{d_{d2}}{d_{d1}} = \frac{1440}{804} = 1.79$$

$$d_{d2} = i_{12} d_{d1} = 1.79 \times 125 \text{mm} = 223.75 \text{mm}$$

取标准值，$d_{d2} = 224$mm。

4.1.6 带轮的失效形式

1. 带传动的主要失效形式

带传动在运行过程中受到的应力是周期性变化的，传动带容易产生疲劳破坏，所以超载打滑和疲劳撕裂是摩擦带传动的主要失效形式。

2. 带的松边和紧边

传动带进入主动带轮的一侧为紧边，从主动带轮出来的一侧为松边。为了增大传动带的摩擦力，一般安排带传动的下边为紧边，上边为松边。

4.1.7 带传动的维护与安装

1. 带传动的安全与防护

(1) 带传动必须安装安全保护罩，不允许传动件外露。如出现带或带轮外露，或零件松动、胶带撕裂必须立即停车检查，以免发生伤害。

(2) 安装或拆卸 V 带时，绝不允许直接用手拨撬 V 带，以防夹手。

(3) 带轮在轴端应有固定装置，以防带轮脱轴。

2. 带传动的张紧与安装

带在工作一段时间后，就会产生变形而松弛，影响正常传动。为了保证带有一定的张紧力，必须定期给予张紧。

1) 带传动的张紧

(1) 调整中心距。把装有带轮的电动机安装在滑道上(图 4-11(a))或摆动底座上(图 4-11(b))，通过调整螺钉或调整螺母，增大中心距达到张紧的目的。

(2) 安装张紧轮。当中心距不能或不便调整时，可采用张紧轮张紧。为使带只受单向弯曲，张紧轮应安置在带的松边内侧，且靠近大带轮处，以免小带轮包角减小太多，如图 4-12 所示。

2) 带传动的安装与维护

(1) 安装 V 带时，先将中心距缩小后将带套入，然后慢慢调整中心距，直至张紧。正确的检查方法是：用大拇指在每条带中部施加 20N 左右的垂直压力，下沉量以 15mm 为宜，如图 4-13 所示。

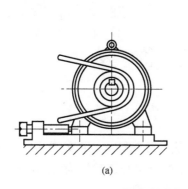
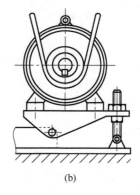

(a)   (b)

图 4-11 带传动的张紧

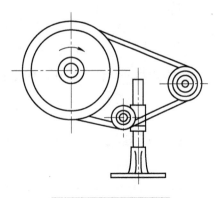
图 4-12 张紧轮的安装

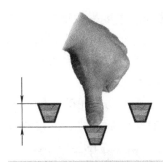
图 4-13 V 带的张紧安装检查

（2）安装时，主动带轮与从动带轮的轮槽要对正，两轮的轴线要保持平行，如图 4-14 所示。图 4-14(a)为两带轮理想正确的位置，图 4-14(b)为带轮安装（实际位置的允许误差）的错误位置。

（3）新旧不同的 V 带不能同时使用。更换 V 带时，为保证相同的初拉力，应更换全部 V 带。

（4）V 带断面在轮槽中应有正确的位置，V 带外缘应与轮外缘平齐，如图 4-15 所示。若高出太多，会减少接触面；陷得太深，则不能达到设计的传动能力。

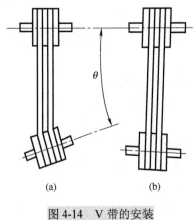
图 4-14 V 带的安装

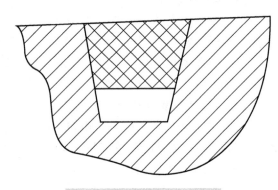
图 4-15 V 带在轮槽中的位置

4.2 链 传 动

4.2.1 链传动的组成与工作原理

1. 链传动的组成

如图 4-16 所示链传动由主动链轮、链条和从动链轮组成。链轮具有特定的齿形，链条套装在主动链轮和从动链轮上。工作时，通过链条的链节与链轮轮齿传递运动和动力。

2. 链条的工作原理

如图 4-17 所示，滚子链条由若干内链节和外链节依次铰接而成。内链节由内链、套筒和滚子组成，内链板与套筒采用过盈配合，套筒与滚子采用间隙配合，滚子可绕套筒自由转动。外链节由外板和销轴组成，采用过盈配合连接。内链节和外链节之间用套筒和销轴用间隙配合相连接，套筒能够绕销轴转动。传动时，滚子与链轮轮齿形成滚动摩擦，可减小磨损，提高传动效率。

图 4-16 链传动

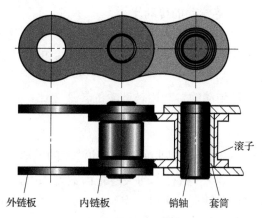

图 4-17 链的结构

滚子链的接头形式有三种，如图 4-18 所示。当链节数为偶数时，内、外链板相接，接头处用开口销或弹性锁片将销轴固定，如图 4-18(a)、(b)所示。当链节数为奇数时，就必须采用过渡链节，如图 4-18(c)所示。

(a)

(b)

(c)

图 4-18 链的接头形式

4.2.2 链传动的类型、特点

1. 链传动的类型

链传动适用于潮湿、高温、有油气、多灰尘等环境恶劣的场合，因此广泛应用于矿山、建筑、化工、交通运输等行业中。按用途不同，可以分为以下三类。

(1)起重链。主要用于各种起重机械中。如港口用的集装箱起重机械和叉车提升装置。

(2)牵引链。主要用于运输机械中的牵引输送带。如矿山用的各种牵引输送机，图 4-19 所示自动扶梯的齿形链等。

(3)传动链。常用于机械传动中传递运动和动力。如自行车、摩托车等传动。

图 4-19 齿形链

2. 链传动的特点

链传动是一种啮合传动，与带传动相比，具有下列特点。

(1)没有弹性滑动和打滑现象，平均传动比准确。

(2)承载能力大，能在高温、潮湿、污染等恶劣条件下工作。

(3)传动的平稳性差，有噪声，容易脱链。

4.2.3 链传动的传动比与标记

1. 链传动的传动比

由于链条是可以曲折的挠性体,每一链节为刚性体,传动时绕在链轮上的链段折成正多边形的一部分,多边形的边长上各点的运动速度并不相等,所以链传动的传动比指平均链速的传动比。

链传动的传动比是链轮的转速之比,也是主动链轮的齿数与从动链轮的齿数之比。

$$i_{12} = \frac{n_1}{n_2} = \frac{z_2}{z_1}$$

式中,n_1、n_2 分别为主、从动链轮的转速,r/min;z_1、z_2 分别为主、从动链轮的齿数。

例 4-2 自行车的大链轮齿数为 46 齿,小链轮的齿数为 18 齿,车轮的直径为 660mm。求大链轮转动一圈时,自行车前进了多少距离?

解 (1) 求链轮传动的传动比

$$i_{12} = \frac{n_1}{n_2} = \frac{z_2}{z_1} = \frac{18}{46} = \frac{9}{23}$$

(2) 求小链轮的转数

$$n_2 = \frac{n_1}{i_{12}} = \frac{23}{9} n_1 = 2.56$$

(3) 求大链轮转动一圈自行车前进的距离

$$S = \pi d n_2 = \frac{3.14 \times 660 \times 2.56}{1000} \text{m} = 5.3 \text{m}$$

2. 套筒滚子链的标记

滚子链是标准件,其标记为:

链号-排数-链节数　标准编号

如 20A-2×80　GB/T 1243—2006,表示链号为 20A,查表 4-1 知:链是节距为 31.75mm 的 A 系列、双排、80 节。

链条上相邻销轴的轴间距称节距,节距越大,结构尺寸越大,承载能力也越强,但链传动的稳定性随之变差。常用链号与节距见表 4-1。

表 4-1　滚子链的常用链号与节距

链号	10A	12A	16A	20A	24A
节距/mm	15.875	19.05	25.40	31.75	38.10

4.2.4 链传动的安装与维护

1. 链传动的合理布置

(1) 两轴线应平行,两链轮的回转平面应在同一铅垂面内,如图 4-20 所示。

(2) 链传动时应使紧边在上、松边在下,用调整中心距或加用张紧轮的方法来防止链条的垂度过大,如图 4-21 所示。

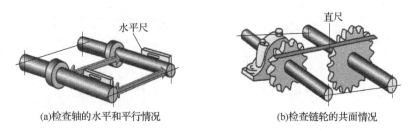

图 4-20 链轮的安装

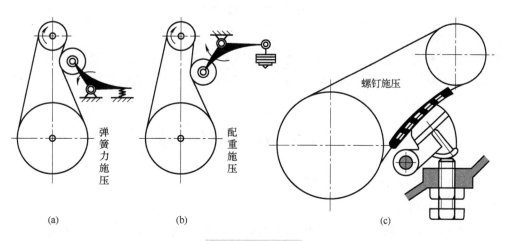

图 4-21 链的张紧

(3) 两链轮的轴心连线最好是水平或与水平面的夹角小于 45°。尽量避免垂直布置，以防链节磨损后链条伸长造成链轮与链条的脱链。

(4) 凡离地面高度不足 2m 的链传动，必须安装防护罩；在通道上方时，链传动的下方必须有防护挡板，以防链条断裂时落下伤人。

2. 链传动的维护

链传动中，一般链轮强度比链条高，使用寿命也较长，所以链传动的失效主要是由链条的失效而引起的。链传动的润滑是影响传动工作能力和寿命的重要因素之一，润滑良好可减少链条和链轮的磨损。图 4-22 为滚子链的几种润滑方式。

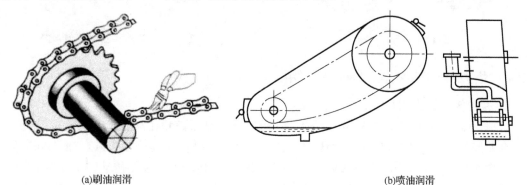

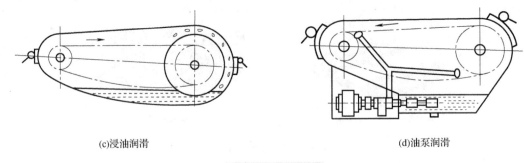

(c)浸油润滑　　　　　　　　　(d)油泵润滑

图 4-22　链的润滑

3. 链传动的张紧

链传动张紧是为了避免在链条垂度过大时产生啮合不良和振动。张紧的方法很多,最常见的是移动链轮以增大两轮的中心距。当中心距不可调时,可设置张紧轮,或在链条磨损变长后取掉一两个链节。

4.3　齿轮传动

4.3.1　齿轮传动的组成与工作原理

1. 齿轮传动的组成

齿轮传动由主动齿轮、从动齿轮和机架组成,如图 4-23 所示,它依靠两齿轮的轮齿啮合传递运动和动力,是应用最广泛的机械传动。

2. 齿轮传动的工作原理

齿轮传动属于啮合传动,利用主、从动轮之间的轮齿啮合来传递空间任意两轴间的运动和动力,如图 4-24 所示,齿轮传动是机械传动中最重要、应用最广泛的传动形式之一。

图 4-23　齿轮传动

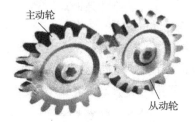

图 4-24　齿轮传动工作原理图

4.3.2　齿轮传动的类型、特点和应用

1. 齿轮传动的类型

(1)按齿轮传动的工作情况分为开式、半开式及闭式。齿轮传动中没有防尘罩或机壳,齿轮完全暴露在外面,称为开式齿轮传动。这种传动不仅外界杂物极易侵入,而且润滑不良,因此工作条件不好,齿轮也容易磨损,一般只用于低速传动。若齿轮传动装有简单的防护罩,有时还把大齿轮部分地浸入油池中,则称为半开式齿轮传动。它的工作条件虽有改善,但仍不能做到严密防止外界杂物侵入,润滑条件也不算最好。而汽车、机床、航空发动机等所用的齿轮传动,都是装在经过精确加工而且密封严密的箱体内,称为闭式齿轮传动(齿轮箱)。

它与开式或半开式的齿轮传动相比,润滑及防护等条件最好,多用于重要的场合。

(2)按齿轮传动中轴的布置形式,可分为平行轴齿轮传动(图4-25)、相交轴齿轮传动(图4-26)和交错轴齿轮传动(图4-27)。

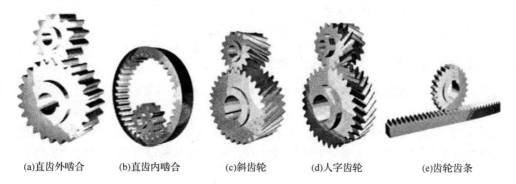

(a)直齿外啮合　　(b)直齿内啮合　　(c)斜齿轮　　(d)人字齿轮　　(e)齿轮齿条

图 4-25　平行轴的齿轮传动

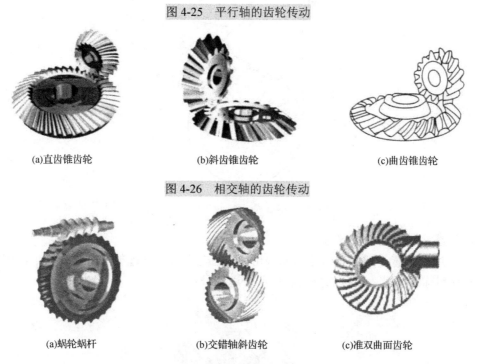

(a)直齿锥齿轮　　(b)斜齿锥齿轮　　(c)曲齿锥齿轮

图 4-26　相交轴的齿轮传动

(a)蜗轮蜗杆　　(b)交错轴斜齿轮　　(c)准双曲面齿轮

图 4-27　交错轴的齿轮传动

(3)按照齿轮的齿廓曲线不同,可分为渐开线齿轮、摆线齿轮和圆弧齿轮等。

各类齿轮传动中,最基本、应用最多的是圆柱齿轮。本章主要介绍渐开线标准直齿圆柱齿轮。

2. 齿轮传动的特点

与其他传动相比,齿轮传动主要具有以下几个方面的特点。

1)优点

(1)结构紧凑、传动效率高,使用寿命长。

(2)能保证瞬时传动比恒定,工作可靠。

(3)传递的速度和功率范围广,传递效率可高达 5×10^4 kW,圆周速度可以达到300m/s。

(4)可实现平行轴、任意角相交轴或交错轴之间的传动。

2)缺点

(1)制造及安装精度要求高,需要专用的齿轮加工设备,价格昂贵。

(2)不宜用于两轴中心距较大的场合的传动。

(3)不能实现无级变速,运动过程中有振动和噪声。

4.3.3 渐开线齿轮各部分名称及主要参数

能保证恒定传动比传动的齿轮齿廓曲线有渐开线、摆线和圆弧曲线,目前渐开线齿廓应用最为广泛。

如图4-28所示,当一直线在圆周上作纯滚动时,该直线上任一点的轨迹称为该圆的渐开线,这个圆称为基圆;该直线为渐开线的发生线,两条反向的渐开线构成齿轮的齿廓。

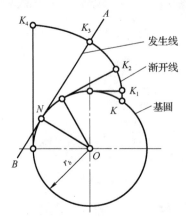

图4-28 渐开线的形成与渐开线齿廓

1. 渐开线齿轮各部分的名称

图4-29所示为直齿圆柱外齿轮的部分轮齿,齿轮上每个凸起的部分称为轮齿,相邻两轮齿之间的空间称为齿槽,其各部分的名称和表达符号见表4-2。

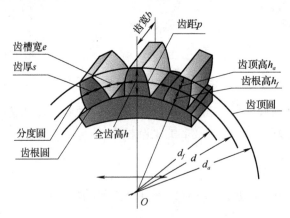

图4-29 直齿圆柱外齿轮各部分的名称和符号

表 4-2 直齿圆柱外齿轮各部分的名称、定义和符号

序号	名称	定义	符号
1	齿顶圆	过齿轮各齿顶所作的圆称为齿顶圆	d_a，r_a
2	齿根圆	过齿轮各齿槽底部所作的圆称为齿根圆	d_f，r_f
3	分度圆	在齿顶圆和齿根圆之间取一个圆，作为计算、制造、测量齿轮尺寸的基准，该圆称为分度圆；标准齿轮分度圆上的齿厚与齿槽宽相等	d，r
4	齿厚	分度圆上一个轮齿两侧齿廓之间的弧长称为该齿轮的齿厚	s
5	齿槽宽	分度圆上一个齿槽两侧齿廓之间的弧长称为该齿轮的齿槽宽	e
6	齿距	分度圆圆周上相邻两齿同侧齿廓之间的弧长称为该圆上的齿距	$p=s+e$
7	齿顶高	分度圆与齿顶圆之间的径向距离称为齿顶高	h_a
8	齿根高	分度圆与齿根圆之间的径向距离称为齿根高	h_f
9	全齿高	齿顶圆与齿根圆之间的径向距离称为全齿高	$h=h_a+h_f$
10	顶隙	一个齿轮的齿顶与另一个齿轮的齿根在连心线上的径向距离称为顶隙	c

2. 直齿圆柱齿轮的基本参数

直齿圆柱齿轮的基本参数是齿轮各部分几何尺寸计算的依据，主要有齿数 z、模数 m、压力角 α、齿顶高系数 h_a^* 和顶隙系数 c^* 等。

（1）齿数 z。在齿轮圆周上轮齿的总数称为齿数。

（2）模数 m。将分度圆上齿距 p 与无理数 π 的比值规定为标准值，称为齿轮模数，用 m 表示，单位为 mm，即 $m=p/\pi$ 或 $p=m\pi$。

由此可知，m 越大，p 越大，轮齿也就越大，齿轮的承载能力越强；反之轮齿越小，齿轮的承载能力越弱。由于 $\pi d=pz$，可得分度圆直径 $d=mz$。图 4-30 所示为两个齿数相同（$z=16$）而模数不同的齿轮齿形的比较；图 4-31 所示为分度圆直径相同（$d=72$mm）的 4 种不同齿数、模数的齿轮的比较。

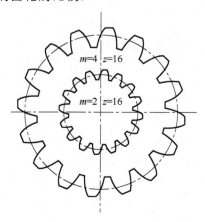

图 4-30 z 相同，m 不同的齿轮比较

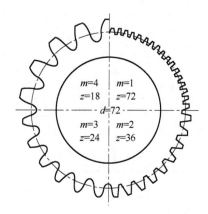

图 4-31 d 相同，m、z 不同的齿轮比较

模数是决定齿轮尺寸的一个基本参数。由于 π 是无理数，给齿轮的设计、制造及检测带来不便。为此，我国已规定了标准模数系列，见表 4-3。

表 4-3　标准模数系列表（GB/T 1357—2008）

第一系列	1　1.25　1.5　2　2.5　3　4　5　6　8　10　12　16　20　25　32　40　50
第二系列	1.75　2.25　2.75　(3.25)　3.5　(3.75)　4.5　5.5　(6.5)　7　9　(11)　14　18　22　28　(30)　36　45

(3) 压力角 α。压力角是物体运动方向与受力方向所夹的锐角。齿轮压力角指渐开线齿廓在分度圆上的压力角，压力角已标准化，我国规定标准压力角 $\alpha=20°$。

(4) 齿顶高系数、顶隙系数。正常的齿顶高系数 $h_a^*=1$，顶隙系数 $c^*=0.25$。

4.3.4　标准直齿圆柱齿轮的几何尺寸计算

标准齿轮是指分度圆上的齿厚 s 等于齿槽宽 e 且 m、α、h_a^*、c^* 为标准值的齿轮，正常的 $h_a^*=1$，$c^*=0.25$。外啮合标准直齿圆柱齿轮各部分的几何尺寸计算见表 4-4。

表 4-4　标准直齿圆柱齿轮几何尺寸的计算公式

名称	符号	计算公式
模数	m	根据齿轮的强度计算或结构条件给出，选用标准值
压力角	α	$20°$
分度圆直径	d	$d=mz$
齿顶高	h_a	$h_a=h_a^* m = m$
齿根高	h_f	$h_f = h_a + c = (h_a^* + c^*)m = 1.25m$
全齿高	h	$h = h_a + h_f = (2h_a^* + c^*)m = 2.25m$
顶隙	c	$c = c^* m = 0.25m$
齿顶圆直径	d_a	$d_a = d + 2h_a = (z + 2h_a^*)m = m(z+2)$
齿根圆直径	d_f	$d_f = d - 2h_f = (z - 2h_a^* - 2c^*)m = m(z-2.5)$
基圆直径	d_b	$d_b = d\cos\alpha$
齿距	p	$p = \pi m$
基圆齿距	p_b	$p_b = p\cos\alpha = \pi m\cos\alpha$
齿厚	s	$s = \pi \dfrac{m}{2}$
齿槽宽	e	$e = \pi \dfrac{m}{2}$
中心距	a	$a = \dfrac{1}{2}(d_1 + d_2) = \dfrac{m}{2}(z_1 + z_2)$

当一对标准直齿圆柱齿轮的分度圆相切时，称为标准安装。标准安装的中心距称为标准中心距，用 a 表示。

例 4-3　已知一对标准直齿圆柱齿轮的 $m=3\text{mm}$，$z_1=24$，$z_2=71$，$\alpha=20°$，试求其几何尺寸。

解

$$h_a^* = 1,\quad c^* = 0.25$$

$$d_1 = m_1 = 3 \times 24\text{mm} = 72\text{mm}; \quad d_2 = mz_2 = 3 \times 71\text{mm} = 213\text{mm}$$
$$d_{a1} = (z_1 + 2)m = (24 + 2) \times 3\text{mm} = 78\text{mm}; \quad d_{a2} = (z_2 + 2)m = (71 + 2) \times 3\text{mm} = 219\text{mm}$$
$$d_{f1} = (z_1 - 2.5)m = (24 - 2.5) \times 3\text{mm} = 64.5\text{mm}$$
$$d_{f2} = (z_2 - 2.5)m = (71 - 2.5) \times 3\text{mm} = 205.5\text{mm}$$
$$d_{b1} = d_1 \cos\alpha = 72\cos 20°\text{mm} = 67.78\text{mm}; \quad d_{b2} = d_2 \cos\alpha = 213\cos 20°\text{mm} = 200.15\text{mm}$$
$$p = \pi m = 3.14 \times 3\text{mm} = 9.42\text{mm}$$
$$h_{a1} = h_{a2} = m = 3\text{mm}$$
$$h_{f1} = h_{f2} = 1.25m = 1.25 \times 3\text{mm} = 3.75\text{mm}$$
$$h_1 = h_2 = 2.25m = 2.25 \times 3\text{mm} = 6.75\text{mm}$$
$$a = \frac{m(z_1 + z_2)}{2} = 3 \times \frac{24 + 71}{2}\text{mm} = 142.5\text{mm}$$

例 4-4 一对标准直齿圆柱齿轮传动，其大齿轮已损坏。已知小齿轮齿数 $z_1 = 24$，齿顶圆直径 $d_{a1} = 130\text{mm}$，两齿轮传动的标准中心距 $a = 225\text{mm}$。试计算这对齿轮的传动比和大齿轮的主要几何尺寸。

解 模数：
$$m = \frac{d_{a1}}{z_1 + 2} = \frac{130}{24 + 2}\text{mm} = 5\text{mm}$$

大齿轮齿数：
$$z_2 = \frac{2a}{m} - z_1 = 2 \times \frac{225}{5} - 24 = 66$$

传动比：
$$i = \frac{z_2}{z_1} = \frac{66}{24} = 2.75$$

分度圆直径：
$$d = mz_2 = 5 \times 66\text{mm} = 330\text{mm}$$

齿顶圆直径：
$$d_{a2} = m(z_2 + 2) = 5 \times (66 + 2)\text{mm} = 340\text{mm}$$

齿根圆直径：
$$d_{f2} = m(z_2 - 2.5) = 5 \times (66 - 2.5)\text{mm} = 317.5\text{mm}$$

齿顶高：
$$h_a = m = 5\text{mm}$$

齿根高：
$$h_f = 1.25m = 1.25 \times 5\text{mm} = 6.25\text{mm}$$

全齿高：
$$h = 2.25m = 2.25 \times 5\text{mm} = 11.25\text{mm}$$

齿距：
$$p = \pi m = 3.14 \times 5\text{mm} = 15.70\text{mm}$$

齿厚和齿槽宽：
$$s = e = \frac{p}{2} = \frac{15.70}{2}\text{mm} = 7.85\text{mm}$$

4.3.5 直齿圆柱齿轮正确啮合的条件

虽然渐开线齿廓能实现恒定传动比传动，但并不意味着任意参数的一对齿轮都能实现啮合传动。一对渐开线直齿圆柱齿轮的正确啮合条件为：两齿轮的模数必须相等，两齿轮分度圆上的压力角必须相等，且等于标准值，即

$$m_1 = m_2 = m$$
$$\alpha_1 = \alpha_2 = \alpha$$

4.3.6 齿轮传动的传动比计算

齿轮传动的传动比

$$i_{12} = \frac{n_1}{n_2} = \frac{z_2}{z_1}$$

式中，n_1、n_2 分别为主、从动齿轮的转速；z_1、z_2 分别为主、从动齿轮的齿数。

4.3.7 渐开线齿轮的切削原理与传动精度

1. 齿轮的切削加工原理

齿轮轮齿成形的制造方法很多，有切削加工法、铸造法、模锻法、热轧法和冲压法等，其中以切削加工法应用最广泛。

1) 齿轮切削加工方法

按加工原理的不同，切削加工可分为仿形法和展成法两种。

(1) 仿形法。仿形法是在普通铣床上用轴向剖面形状与被切齿轮轮槽形状完全相同的成形铣刀铣削出齿轮的加工方法，如图 4-32(a)、(b) 所示。用仿形法加工的齿轮精度较低（一般为 9 级），生产率低，适用于修配和小批量生产。

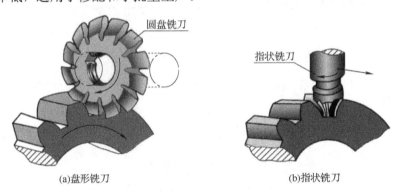

图 4-32 仿形法加工齿轮

(2) 展成法。展成法是刀具与轮坯之间强制性地按一对齿轮的啮合运动，在啮合过程中实现刀具对轮坯切削的方法。加工精度可达 7、8 级。

如图 4-33 所示，在插齿机上用齿轮插刀加工齿轮时，插刀与齿坯以恒定传动比作展成运动，同时插刀还有切削运动和让刀运动（刀具向上运动时），当刀具分度圆与齿坯分度圆相切时，便切出了齿轮的全部齿形。

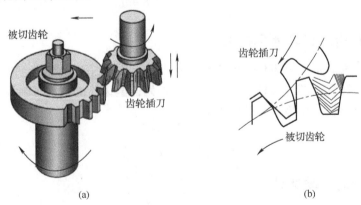

图 4-33 齿轮插刀加工齿轮

如图 4-34 所示，用齿轮滚刀加工齿轮，加工原理与齿条和齿轮的啮合原理相同，滚刀除了旋转运动以外，还沿齿坯轴线作上下运动和径向运动，以便逐渐切出完整的轮齿。

由于展成法加工齿轮相当于一对齿轮的啮合传动，所以只要刀具与被加工齿轮的模数 m 和压力角 α 相同，无论被加工齿轮的齿数是多少，都可以用同一把刀具来加工。该方法的生产率较高，渐开线齿廓的形状比较准确，齿轮的精度较高，所以目前生产齿轮通常采用这种方法。

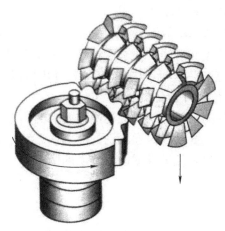

图 4-34 齿轮滚刀加工齿轮

2) 根切现象与最少齿数

用展成法加工标准齿轮时，如果齿轮的齿数太少，会出现轮齿根部的渐开线齿廓被部分切除的现象，这种现象称为根切。如图 4-35 所示，轮齿被根切后，齿根的强度被削弱，传动精度降低，平稳性变差，所以应避免根切现象产生。正常齿制渐开线标准直齿圆柱齿轮不发生根切的条件是齿数不少于 17，即 $z_{\min}=17$。当 $z<17$，又不允许有根切时，可采用变位齿轮。

3) 变位齿轮的概念

加工齿轮时，调整刀具与齿轮毛坯的中心距，可避免根切。当中心距大于标准中心距时，加工的齿轮为正变位齿轮，分度圆齿厚大于齿槽宽；当中心距小于标准中心距时，加工的齿轮为负变位齿轮，分度圆齿厚小于齿槽宽，如图 4-36 所示。

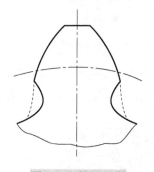

图 4-35 根切现象

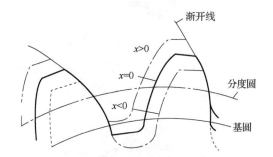

图 4-36 变位齿轮与标准齿轮比较

2. 齿轮传动的精度

在制造和安装齿轮的过程中，不可避免地会产生一定的误差，影响齿轮的正常工作，必须对齿轮传动规定一定的精度要求。

国家标准《圆柱齿轮 精度制 第 1 部分：轮齿同侧齿面偏差的定义和允许值》（GB/T 10095.1—2008）和《圆柱齿轮 精度制 第 2 部分：径向综合偏差与径向跳动的定义和允许值》（GB/T 10095.2—2008）规定，齿轮传动的精度等级分为 12 级。精度从 1 级到 12 级依次降低。常用中级精度 6、7、8 级。

齿轮传动的精度由三方面组成：第Ⅰ公差组，第Ⅱ公差组，第Ⅲ公差组。

第Ⅰ公差组：表示传递运动的准确性。

第Ⅱ公差组：表示传递运动的平稳性。

第Ⅲ公差组：表示载荷分布的均匀性。

考虑到齿轮受热膨胀和贮存润滑油，要求齿轮啮合时非工作齿面间应有一定的间隙。侧隙大小与中心距偏差、齿厚偏差有关。标准中规定了 14 种齿厚偏差，分别用字母 C，D，E，…，R，S 代表其公差范围，具体数据可查有关手册。

不同用途和不同工作条件的齿轮传动对上述四项要求的侧重点是不同的。例如，仪表及机床的分度机构的齿轮传动，主要要求传递运动的准确性。汽车和拖拉机变速齿轮传动的侧重点是工作平稳性，以降低噪声。低速重载齿轮传动的侧重点是齿面接触精度，以保证齿面接触良好。

4.3.8 齿轮的结构及材料

1. 齿轮的结构

常见的圆柱齿轮结构有以下几种。

(1) 齿轮轴。对于直径较小的钢制圆柱齿轮，当齿轮的齿顶圆直径小于轴孔直径的 2 倍，或齿根圆至键槽底部的距离小于 250mm 时，应将齿轮和轴制成一体，称为齿轮轴，如图 4-37 所示。

(2) 实体齿轮。当齿顶圆直径 $d_a \leqslant 200$mm 时，齿轮与轴分别制造，齿轮为实体结构，如图 4-38 所示。

图 4-37 齿轮轴

图 4-38 实体齿轮

(3) 腹板式齿轮。当齿顶圆直径 $d_a = 200 \sim 500$mm 时，采用腹板式结构，如图 4-39 所示。

(4) 轮辐式齿轮。当齿顶圆直径 $d_a > 500$mm 时，采用轮辐式结构，如图 4-40 所示。

图 4-39 腹板式齿轮

图 4-40 轮辐式齿轮

2. 常用齿轮材料

常用齿轮的材料有锻钢、铸钢、铸铁和非金属材料等，对钢质齿轮要进行热处理以改善其力学性能。

(1) 锻钢。制造齿轮所选用的锻钢主要包括优质碳素结构钢和合金结构钢。齿轮毛坯经锻造后，金属组织致密，强度高，力学性能好。锻钢齿轮的直径一般小于 500mm。

齿轮工作表面硬度≤350HBW 的齿轮，称为软齿面齿轮，在热处理(调质或正火)后进行切齿。软齿面齿轮适用于中小功率，精度要求不高的一般机械传动。

齿轮工作表面硬度>350HBW 的齿轮，称为硬齿面齿轮，在切齿以后进行热处理(淬火、表面淬火、渗碳淬火等)，然后进行精加工(磨齿、研磨剂跑合等)。硬齿面齿轮硬度大，精度高，在重载、高速及精密的机械传动中得到广泛应用。

(2) 铸钢。齿轮结构复杂及尺寸较大(d_a>500mm)不易锻造时，可采用铸钢。

(3) 铸铁。铸铁可以直接铸成齿轮，也可以用铸铁毛坯切齿。铸铁齿轮用于低速和轻载的开式齿轮传动。

(4) 非金属材料。在高速、轻载和要求低噪声场合的齿轮传动，如打印机、复印机等办公机械中的齿轮，经常采用非金属材料。常用的非金属材料有尼龙、夹布胶木聚碳酸酯、酚醛塑料等。

4.3.9 齿轮的失效形式、安装与维护

1. 齿轮的失效形式

齿轮传动的失效，主要是齿轮的失效。常见的齿轮失效形式有以下五种。

1) 齿轮折断

齿轮传递载荷时，在齿轮根部产生很大的弯曲应力。在载荷多次重复作用下，弯曲应力超过疲劳强度极限时，在齿轮根部产生疲劳裂纹。裂纹逐渐扩展，导致整齿折断，这种折断称为疲劳折断，如图 4-41(a)所示。由于轮齿受到短时严重过载或冲击载荷作用而引起的突然折断，称为过载折断，如图 4-41(b)、(c)所示。

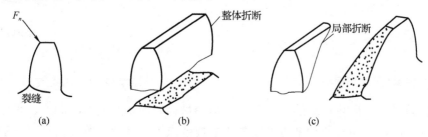

图 4-41 齿轮折断

2) 齿面疲劳点蚀

齿轮工作时，齿面在交变接触应力的反复作用下，会出现微小的疲劳裂纹，随后裂纹逐渐扩展，使齿面金属剥落而形成麻点状凹坑，这种现象称为疲劳点蚀，如图 4-42 所示。疲劳点蚀会使轮齿啮合精度和平稳性下降，是闭式传动(齿轮传动安装在润滑良好的密封箱体内)中软齿面齿轮的主要失效形式。

3) 齿面胶合

齿轮传动在高速重载时，表面温度过高容易造成齿面间的黏结，较硬的齿面将较软齿面

撕成沟纹的现象,称为齿面胶合,如图 4-43 所示。

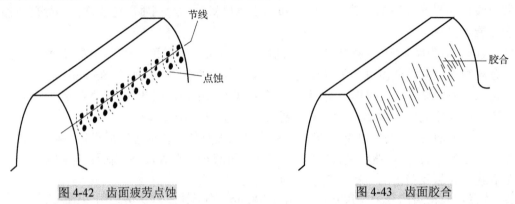

图 4-42　齿面疲劳点蚀　　　　　　　图 4-43　齿面胶合

4)齿面磨损

齿面磨损分为磨粒磨损和啮合磨损两种情形。由于灰尘、沙粒或金属屑等进入齿面间而引起的磨损称为磨粒磨损。当表面粗糙的硬齿与较软的轮齿啮合时,由于相对滑动,软齿面易被划伤而产生齿面磨损,称为啮合磨损,如图 4-44 所示。

5)齿面塑性变形

若齿轮齿面硬度不高,当低速重载、冲击载荷、过载或频繁起动时,在摩擦力作用下可能在主动轮齿面上会出现一个凹槽,从动轮齿面上出现一个凸棱,破坏正常齿形,称为齿面塑性变形,如图 4-45 所示。

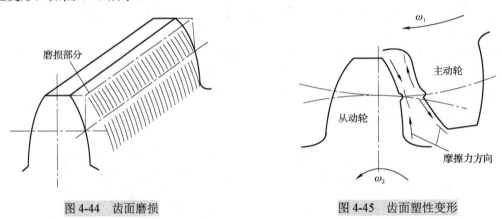

图 4-44　齿面磨损　　　　　　　图 4-45　齿面塑性变形

齿轮的失效形式与齿轮传动的工作条件、齿轮材料的性质及表面的硬度、表面粗糙度密切相关。实践证明,在闭式传动中可能发生齿面疲劳点蚀、齿轮折断;在开式传动中可能发生齿面磨损和齿轮折断。

2. 齿轮的安装与维护

1)齿轮的安装与拆卸

(1)对于闭式齿轮传动,由于中心距固定,只要正常安装定位,一般能达到正常工作要求,应注意调整好轴承的轴向定位。

(2)对于开式齿轮传动,注意调整好轴两端轴承的水平和垂直距离,以保证齿轮的正常啮合。

(3)拆卸齿轮时,最好选用压力机压出,采用专用胎具或用紫铜棒坐垫,切忌使用重锤直接敲击轴的端部或齿轮的本体。安装齿轮时应保证齿轮的轴向定位。

2) 齿轮传动的维护

(1) 及时清除齿轮啮合工作面的污染物，保证齿轮清洁。

(2) 正确选用齿轮的润滑油(脂)，按规定及时检查油质，定期换油。

(3) 保持齿轮工作在正常的润滑状态。

(4) 经常检查齿轮传动啮合状况，保证齿轮处于正常的传动状态。

(5) 禁止超速、超载运行。

4.4 蜗杆传动

4.4.1 蜗杆传动的结构、类型与特点

1. 蜗杆传动的结构

蜗杆传动由蜗杆、蜗轮和机架组成，如图 4-46 所示。只能以蜗杆为主动件，蜗轮为从动件，传递两空间交错轴间的运动和动力，交错角一般为 90°。

2. 蜗杆传动的类型

根据蜗杆的形状分为圆柱蜗杆传动和圆弧面蜗杆传动。图 4-47 所示为蜗杆传动的结构和机构运动简图符号。圆柱蜗杆传动又可分为普通圆柱蜗杆传动和圆弧圆柱蜗杆传动，而普通圆柱蜗杆传动有阿基米德蜗杆传动、渐开线蜗杆传动、法面直廓蜗杆传动和锥面包络蜗杆传动等四种。

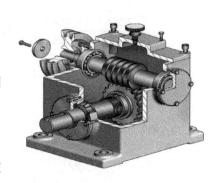

图 4-46 蜗杆传动

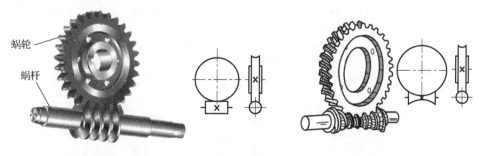

(a) 圆柱蜗杆传动　　　　　　(b) 圆弧面蜗杆传动

图 4-47 蜗杆传动的类型和简图符号

圆柱蜗杆传动如图 4-47(a)所示，结构简单，应用广泛；圆弧面蜗杆传动如图 4-47(b)所示，同时啮合齿数多，承载能力大，但加工复杂，一般在大功率场合才使用。常用的圆柱蜗杆传动的蜗杆为阿基米德蜗杆。阿基米德蜗杆在其轴向剖面内的齿形为直线，横截面内的齿形为阿基米德螺旋线，如图 4-48 所示。

此外，蜗杆也有左旋、右旋之分，如图 4-49 所示，一般都采用右旋。蜗杆也有单头、双头和多头之分。单头蜗杆主要用于传动比较大的场合，要求自锁的传动必须采用单头蜗杆。多头蜗杆主要用于传动比不大和要求效率较高的场合。

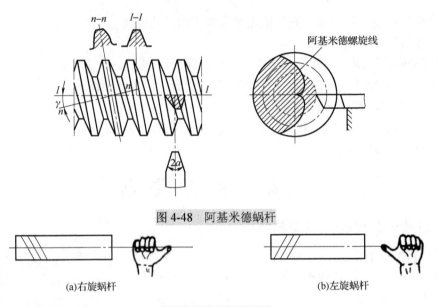

图 4-48 阿基米德蜗杆

(a) 右旋蜗杆　　　　(b) 左旋蜗杆

图 4-49 蜗杆的旋向

3. 蜗杆传动的特点

(1) 结构紧凑，能获得较大传动比。一般情况下蜗杆传动的传动比 $i=28\sim80$。

(2) 传动平稳，噪声小。由于蜗杆齿连续不断地与蜗轮齿啮合，所以传动平稳，没有冲击，噪声小。

(3) 容易实现自锁，有安全保护作用。蜗杆传动可实现自锁，只能用蜗杆带动蜗轮，而不能用蜗轮带动蜗杆。这一特性用于重机械设备中，能起到安全保护的作用。图 4-50 所示的手动起重装置，就是利用蜗杆的自锁特性使重物 G 停留在任意位置上，而不会自动下落。

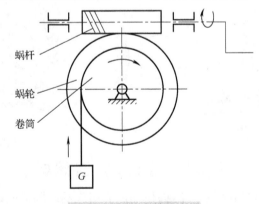

图 4-50 蜗杆自锁的应用

(4) 效率较低，发热量较大。一般蜗杆传动的效率为 $0.7\sim0.9$，具有自锁特性的蜗杆传动效率小于 0.5。

(5) 成本较高。蜗轮需要用有色金属材料(如青铜)制造，成本较高。

4.4.2 蜗杆传动的基本参数

(1) 模数 m 和压力角 α。过蜗杆轴线并与蜗轮轴线垂直的平面称为中间平面。在中间平面内蜗杆与蜗轮的啮合相当于齿条与渐开线齿轮的啮合，如图 4-51 所示。国家标准规定，以蜗杆的轴面参数、蜗轮的端面参数为标准参数,标准压力角α=20°。

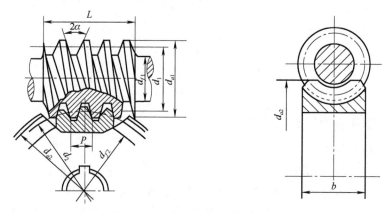

图 4-51 蜗杆传动的基本参数

(2)蜗杆分度圆直径 d_1。采用蜗轮滚刀切制蜗轮时,滚刀的分度圆直径必须与蜗杆的分度圆直径相同。为了限制刀具的数目,国家标准已将蜗杆的分度圆直径 d_1 标准化,并与标准模数相匹配。d_1 与 m 匹配的标准系列见表 4-5。

表 4-5 部分圆柱蜗杆传动标准模数与分度圆直径 d_1 值(GB/T 10085—2018)

模数/mm	分度圆直径 d_1/mm	蜗杆头数 z_1
3.15	35.5	1、2、4
	56	1
4	40	1、2、4
	71	1
5	50	1、2、4
	90	1
6.3	63	1、2、4
	112	1

(3)导程角 γ。如图 4-52 所示,将蜗杆分度圆柱面展开,图中的夹角 γ 称为分度圆柱上的导程角轴面齿距($p_x = \pi m$),则有

$$\tan\gamma = \frac{z_1 p_x}{\pi d_1} = \frac{z_1 \pi m}{\pi d_1} = \frac{z_1 m}{d_1}$$

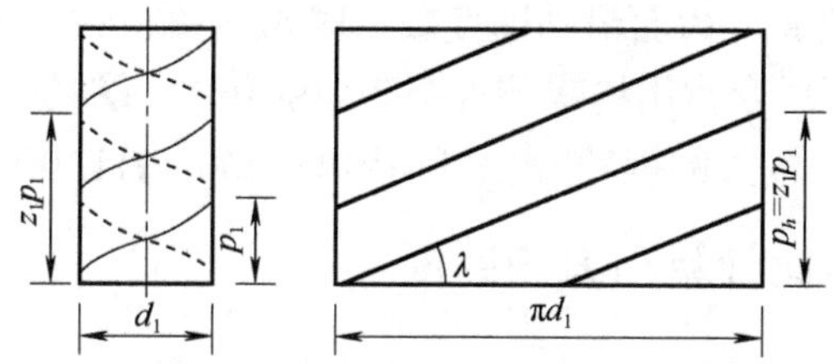

图 4-52 蜗杆分度圆柱导程角 γ 与齿距的关系

(4)蜗杆的直径系数 q。

$$d_1 = m\frac{z_1}{\tan\gamma}$$

令

$$q = \frac{z_1}{\tan\gamma}$$

称为蜗杆的直系数,所以

$$d_1 = mq$$

4.4.3 蜗杆蜗轮的结构形式及材料

1. 蜗杆蜗轮的结构形式

蜗轮的结构有整体式和组合式两种,如图 4-53 所示,对铸铁蜗轮或直径<100mm 的青铜蜗轮可制成整体式(图 4-53(a))。对尺寸较大的青铜蜗轮,为节约贵重金属,可采用组合结构,齿质用青钢、轮芯用铸铁或钢。齿圈与轮芯采用过盈配合,为增加配合的可靠性,沿结合缝还要拧上套定螺钉,当直径较大时可以用铰制孔用螺栓连接,有齿圈式、螺栓连接式、镶铸式,如图 4-53(b)、(c)、(d)所示。

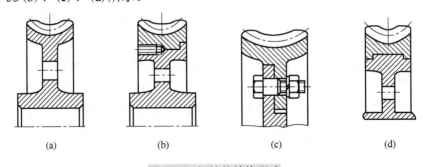

图 4-53 蜗轮的结构形式

蜗杆与轴做成一体,称为蜗杆轴(图 4-54)。车制蜗杆与铣制蜗杆结构有所不同。

(a)无退刀槽　　　　　　　　　(b)有退刀槽

图 4-54 蜗杆轴

蜗杆在低、中速时可采用 45 钢调质,高速时采用 40Cr、40MnB 调质后表面淬火,或采用 20、20 CrMnTi 渗碳溶火。

2. 蜗杆蜗轮的材料

蜗轮的材料主要采用青铜。齿面滑动速度较低时常用铸铝铁青铜 ZCuAl10Fe3;齿面滑动速度较高或连续工作的重要场合常用铸锡磷青铜 ZCuSn10P1 或铸锡铅锌青铜 ZCuSn5 Pb5Zn5;低速、轻载场合,以及直径较大的蜗轮,也可使用 HT200、HT300。

4.4.4 蜗杆传动的传动比计算与方向判断

1. 蜗杆传动的传动比

$$i = \frac{n_1}{n_2} = \frac{z_2}{z_1}$$

蜗杆头数 z_1 通常选为 1~4，z_1 越小越容易实现自锁，但效率越低。

2. 蜗轮转向的判断

在蜗杆传动中，由于蜗杆为主动件，其转向是已知的。蜗轮的转向可由蜗杆的转向和螺旋线方向用左、右手定则来判断。即对左旋蜗杆用左手，对右旋蜗杆用右手，弯曲四指表示蜗杆转向，大拇指的相反方向即为蜗轮啮合点圆周速度 v_2 的方向，如图 4-55 所示。由此便确定了蜗轮的转向 n_2。

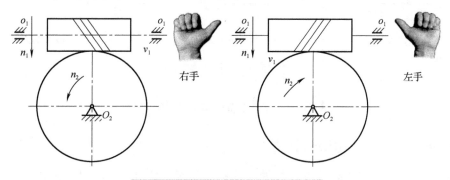

图 4-55 蜗杆中蜗轮回转方向的判断

4.4.5 蜗杆传动的失效与维护

1. 失效形式

蜗杆传动的失效形式和齿轮传动类似，有疲劳点蚀、胶合、磨损、齿轮折断等。由于蜗杆传动齿面滑动速度较大、发热量大、磨损较为严重，所以一般开式传动的失效主要是由于润滑不良、润滑油不洁而造成磨损；一般润滑良好的闭式传动失效形式主要是胶合。

2. 蜗杆传动的维护

(1) 蜗杆传动的润滑。润滑对蜗杆传动具有特别重要的意义。由于蜗杆传动摩擦产生的发热量较大，所以要求工作时有良好的润滑条件。润滑的主要目的在于减摩与散热，提高蜗杆传动的效率，防止胶合及减少磨损。蜗杆传动的润滑方式主要有油浴润滑和喷油润滑。蜗杆传动润滑油牌号和润滑方式的选择见表 4-6。

表 4-6 蜗杆传动润滑油牌号和润滑方式

滑动速度/(m/min)	≤2	2~5	5~10	>10
润滑油牌号	680	460	320	220
润滑方式	油浴润滑	油浴润滑	油浴或喷油润滑	喷油润滑

(2) 蜗杆传动的散热。蜗杆传动由于摩擦大，传动效率较低，所以工作时发热量较大。在闭式传动中，如果不能及时散热，会使传动装置及润滑油的温度不断升高，促使润滑条件恶化，最终导致胶合等齿面损伤失效。一般应当控制箱体的平衡温度 $t<75$~$85℃$，如果超过这个限度，应提高箱体散热能力，可考虑采取下面的措施：在箱体外壁增加散热片；在蜗杆轴端装置风扇进行人工通风；在箱体油池内装蛇形冷却水管；采用压力喷油循环润滑等，如图 4-56 所示。

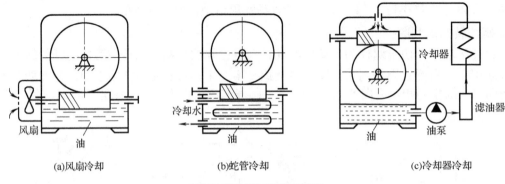

(a)风扇冷却　　　　　　(b)蛇管冷却　　　　　　(c)冷却器冷却

图 4-56　蜗杆传动的冷却

4.5　齿轮系与减速器

4.5.1　齿轮系的组成、类型与特点

由一系列齿轮组成的传动装置，称为齿轮系。减速器是位于原动机和工作机之间的独立而封闭的传动装置，以确定的传动比实现减速并增大转矩。减速器结构紧凑，传递的功率和圆周速度范围大，制造和安装精度要求高，箱体的支承刚度大，具有良好的润滑和密封条件，使用维护方便，应用广泛。

1. 齿轮系的组成与类型

由两个互相啮合的齿轮组成的齿轮传动是最简单的形式，如图 4-57 所示。

在机械传动中，为了获得较大的传动比，往往采用一系列相互啮合的齿轮，将主动轴和从动轴连接起来组成传动系统。这种由一系列相互啮合的齿轮组成的传动系统称为齿轮系。如图 4-58 所示的油田抽油机减速器就采用了齿轮系。

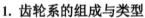

图 4-57　外啮合齿轮

(1)定轴齿轮系。在齿轮系运转中，若所有齿轮的几何轴线相对于机架的位置都是固定的，称为定轴轮系。图 4-59 所示为各齿轮的轴线相互平行的定轴齿轮系。

(2)如图 4-60 所示为各齿轮轴线之间都不相互平行的空间定轴轮系。

图 4-58　油田抽油机

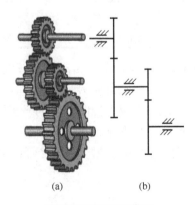

图 4-59　定轴齿轮系

图 4-60　空间定轴轮系

(3) 行星齿轮系。在齿轮运转中,至少有一个齿轮的几何轴线相对于机架的位置是变化的,且绕某一固定轴线回转,这样的轮系称为行星齿轮系。如图 4-61 所示,几何轴线位置作圆周运动的齿轮称为行星轮,与其啮合的齿轮称为中心轮,支撑行星轮的构件称为行星架。

2. 齿轮系的传动特点

(1) 获得大的传动比。当两轴之间的传动比较大时,改用齿轮系来代替一对齿轮传动,可使结构紧凑,方便安装和制造。行星齿轮系在获得大的传动比方面更具优势。

(2) 实现变速、换向传动。在金属切削机床、汽车等机械中采用齿轮系,可满足输出轴多种转速的需要,如图 4-62 所示汽车变速器。

利用齿轮中的惰轮或锥齿轮机构,可改变从动轴的转向,如图 4-63 所示。汽车的倒车就是应用惰轮原理实现的。

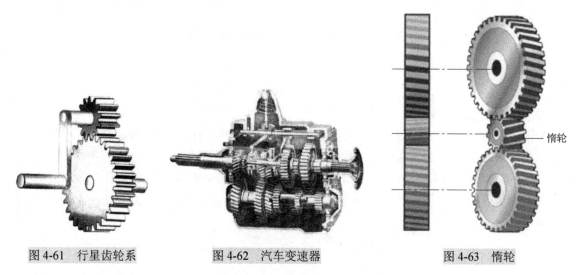

图 4-61　行星齿轮系　　　图 4-62　汽车变速器　　　图 4-63　惰轮

4.5.2　定轴轮系的传动比计算与方向判断

例 4-5　对于图 4-64 所示的齿轮系,图 4-65 为其传动简图,已知 $z_1=20$,$z_2=30$,$z_{2'}=15$,$z_3=30$,$z_{3'}=40$,$z_4=15$,$z_5=60$。求齿轮系的传动比。假设 1 轮转向如图所示,那么 5 轮的转向如何?

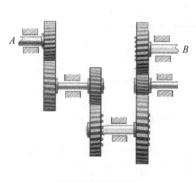
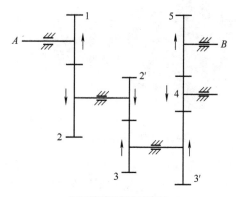

图 4-64　齿轮系　　　　　　图 4-65　传动简图

解 （1）首先计算传动比的数值。

$$i_{12} = \frac{n_1}{n_2} = -\frac{z_2}{z_1}$$

$$i_{2'3} = \frac{n_{2'}}{n_3} = -\frac{z_3}{z_{2'}}$$

$$i_{3'4} = \frac{n_{3'}}{n_4} = -\frac{z_4}{z_{3'}}$$

$$i_{45} = \frac{n_4}{n_5} = -\frac{z_5}{z_4}$$

$$i_{12} = \frac{n_1}{n_2} = -\frac{z_2}{z_1}$$

$$i_{12}i_{2'3}i_{3'4}i_{45} = \frac{n_1}{n_2}\frac{n_{2'}}{n_3}\frac{n_{3'}}{n_4}\frac{n_4}{n_5} = (-1)^4 \frac{z_2 z_3 z_4 z_5}{z_1 z_{2'} z_{3'} z_4}$$

$$i_{15} = i_{12}i_{2'3}i_{3'4}i_{45} = \frac{n_1}{n_5} = \frac{30 \times 30 \times 60}{20 \times 15 \times 40} = 4.5$$

（2）确定从动轮 5 的转向。

如图 4-65 所示，用作图法判断，根据外啮合齿轮传动转向相反、内啮合齿轮传动转向相同的原理，假设主动轴 A 转向向上，可以画出从动轴 B 的转动方向也向上，与主动轮方向相同。也可以用 $(-1)^m$ 来判定，m 表示齿轮系中外啮合齿轮的对数，此例中有 4 对外啮合，m=4，表明从动轴 B 的转向与主动轴 A 的转向一致。如果主动轴 A 的转速 n_a=2000r/min，则从动轴 B 的转速应为

$$n_5 = \frac{n_1}{i_{15}} = \frac{2000}{4.5} \text{r/min} = 444.4 \text{r/min}$$

由此例可见，惰轮 4 的齿数与传动比数值无关，但能够改变从动轴的转向。

对于如图 4-66、图 4-67 所示的空间定轴齿轮系，其传动比的数值计算与平行轴定轴齿轮系相同，但从动轮的转向只能用作图的方法判断。而不能用 $(-1)^m$ 方法求出。

图 4-66 空间系结构图

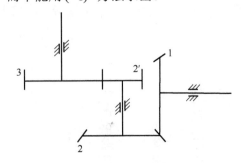

图 4-67 空间轮系

例 4-6 图 4-68 所示为某越野汽车变速器的齿轮系，可实现四种不同的变速。图中输入轴与输出轴常合齿轮三挡滑移齿轮在同一轴线上，但两轴独立转动，只有当输入轴上的齿轮 2 与输出轴上的齿轮 3 的内齿轮(图中未画出)相啮合时，输入轴才与输出轴连成一体。各齿轮齿数分别为 z_1=15，z_2=17，z_3=20，z_4=27，z_5=30，z_6=27，z_7=22，z_8=15，z_9=12。当输入轴的转速为 2000r/min 时，分别求出四个挡的转速大小。

解 (1)图 4-68 所示为第一挡齿轮啮合传动图,最右侧上中下三个齿轮 5、10、9 之间啮合为低速挡。其齿轮啮合路线为 $z_1 \to z_6 \to z_9 \to z_{10} \to z_5 \to$ 输出轴,得

$$i_{15} = \frac{n_1}{n_5} = (-1)^3 \frac{z_6}{z_1} \frac{z_{10}}{z_9} \frac{z_5}{z_{10}} = \frac{27 \times 30}{15 \times 12} = -4.5$$

$$n_5 = \frac{n_1}{i_{15}} = \frac{2000}{-4.5} \text{r/min} = -444.4 \text{r/min}$$

负号表示输出轴 n_5 与输入轴 n_1 转向相反。

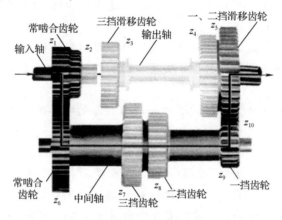

图 4-68 第一挡传动

(2)图 4-69 所示为第二挡齿轮啮合传动图,其传动路线为 $z_1 \to z_6 \to z_8 \to z_4 \to$ 输出轴,正号表示转向相同。

$$i_{14} = \frac{n_1}{n_4} = (-1)^2 \frac{z_6 z_4}{z_1 z_8} = \frac{27 \times 27}{15 \times 15} = 3.24$$

$$n_5 = n_4 = \frac{n_1}{i_{14}} = \frac{2000}{3.24} \text{r/min} = 617 \text{r/min}$$

(3)图 4-70 所示为第三挡齿轮啮合传动图,其齿轮啮合路线为 $z_1 \to z_6 \to z_7 \to z_3 \to$ 输出轴,正号表示转向相同。

图 4-69 第二挡传动

图 4-70 第三挡传动

$$i_{13} = \frac{n_1}{n_3} = (-1)^2 \frac{z_6 z_3}{z_1 z_7} = \frac{27 \times 20}{15 \times 22} = 1.64$$

$$n_5 = n_4 = \frac{n_1}{i_{13}} = \frac{2000}{1.64} \text{r/min} = 1219 \text{r/min}$$

(4) 当图 4-68 中的输入轴外齿轮 z_2 右移进入输出轴的齿轮 2 的内齿轮后，两轴合成一体，z_1 和 z_2 脱离啮合，输入轴的转速直接由输出轴传出，即正号表示转向相同。

$$n_\text{入} = n_1 = n_5 = n_\text{出} = 2000 \text{r/min}$$

从而得出 4 个挂挡的输出转速分别为 –444.4min、617r/min、1219r/min 和 2000r/min。

本 章 小 结

带传动是依靠带与带轮之间的摩擦或啮合来传递运动和动力的，其中普通 V 带应用最广。带的失效形式是打滑和疲劳损坏。为保证带传动的正常工作，需对带传动进行张紧和维护。

链传动是依靠链与链轮之间的啮合来传递运动和动力的。链传动承受交变应力，其失效形式有链板疲劳、铰链磨损、铰链胶合和链条静力拉断。链传动的安装与维护对延长使用寿命关系很大。

齿轮传动用于传递空间任意轴间的运动和动力，传动效率高，传动比准确，工作可靠，应用广泛。模数是决定齿轮尺寸和承载能力的重要标准参数。渐开线直齿圆柱齿轮的正确啮合条件为：两齿轮的模数必须相等，两齿轮分度圆上的压力角必须相等，且等于标准值。齿轮传动的失效形式主要有齿轮折断、齿面点蚀、齿面磨损和齿面胶合。

蜗杆传动用于传递空间两交错轴之间的运动和动力。蜗杆传动的传动比大、传动平稳、可以自锁、效率较低。蜗杆传动的失效形式有轮齿折断、齿面点蚀、齿面胶合、齿面磨损等。由于蜗杆传动的效率低、发热量大，必须保证良好的润滑。

齿轮系可以实现较远距离的传动，获得大的传动比，实现变速、换向传动。减速器润滑良好，效率较高，有标准系列产品供应。

习　题

4-1　V 带的楔角为 40°，带轮槽的楔角应该大于、等于还是小于 40°？

4-2　安装带传动装置时，两个带轮的中心距能否根据自己想要的距离任意选择？为什么？

4-3　为什么带轮的直径变大后，轮辐要做成空心的形状？

4-4　自行车和摩托车都选用套筒滚子链，两者之间的差别在什么地方？为什么自行车、摩托车不选用带传动？

4-5　通常软齿面齿轮副中，小齿轮的齿面硬度要比大齿轮齿面硬度高多少？为什么？

4-6　判断图 4-71 中蜗杆、蜗轮的转向或蜗杆的旋向，在图中注明。

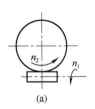
(a)

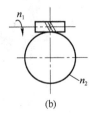
(b)

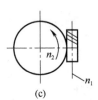
(c)

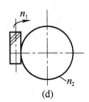
(d)

图 4-71　习题 4-6 图

第 5 章 支承零部件

支承零部件主要包括轴和轴承。传动零件必须被支承起来才能进行工作,支承传动件的零件为轴。轴本身又被支承起来,轴上被支承的部分称为轴颈,支承轴颈的支座称为轴承。轴的主要功用是支承回转零件传递转矩和运动。轴承的功用是支承轴及轴上零件,保持轴的旋转精度,减少转轴与支承之间的摩擦和磨损。

5.1 轴

5.1.1 轴的结构与特点

轴是支承回转运动零部件(如齿轮、蜗轮等)的重要零件,是机械运动的主要部件。

1. 轴的结构

如图 5-1 所示,轴的结构主要包括:轴颈(被支撑的部分,安装轴承处)、轴头(安装轮毂部分)、轴身(连接轴颈和轴头部分)。

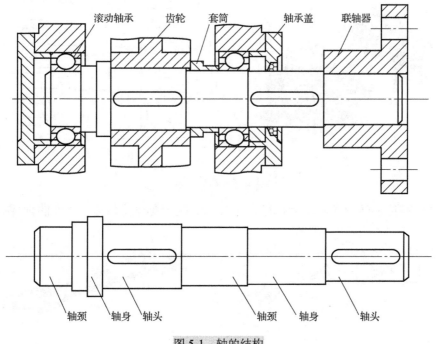

图 5-1 轴的结构

2. 轴的分类

1) 按轴承受的载荷

按轴承受的载荷可将轴分为转轴、心轴和传动轴三种。

(1) 心轴工作时仅承受弯矩而不传递转矩,如自行车轮轴(图 5-2)和铁路机车的轮轴及滑轮轴(图 5-3)。

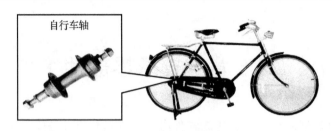

图 5-2　自行车轮轴

(a)火车轮轴　　　　　　　　　　(b)滑轮轴

图 5-3　车轮轴

(2) 转轴工作时既承受弯矩又承受转矩，如减速器中的轴(图 5-4)。

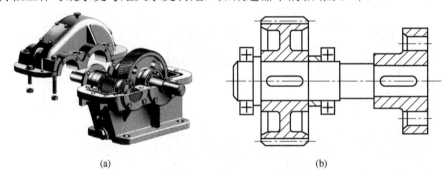

(a)　　　　　　　　　　(b)

图 5-4　减速器中的转轴

(3) 传动轴只传递转矩而不承受弯矩，如汽车中连接变速器与后桥之间的轴(图 5-5)。

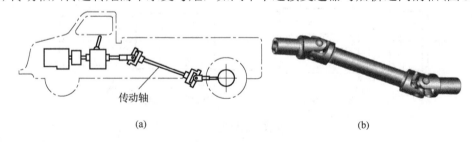

(a)　　　　　　　　　　(b)

图 5-5　汽车上的传动轴

2) 按轴线形状

根据轴线的形状不同，轴又可分为直轴、曲轴和挠性钢丝轴。

(1) 直轴。一般机械常用直轴，如图 5-6 所示，便于零件安装固定，各轴段强度相近。阶梯轴在机器中的应用最为广泛。直轴一般都制成实心轴，但为了减少重量或满足有些机器结构上的需要，也可以采用空心轴。

图 5-6　直轴

（2）曲轴。用来将回转运动转变为往复直线运动或将往复直线运动变成回转运动的轴，如图 5-7 所示，主要用于内燃机及曲柄压力机器中。

（3）挠性钢丝轴。由几层紧贴在一起的钢丝构成，可将扭矩（扭转及旋转）灵活地传到任意位置。图 5-8 所示为用于振捣器上的挠性钢丝轴。

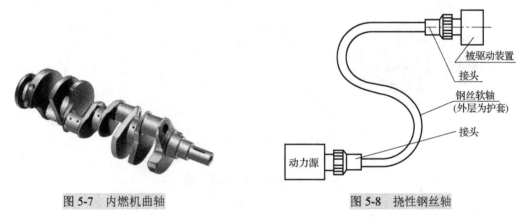

图 5-7　内燃机曲轴　　　　　图 5-8　挠性钢丝轴

5.1.2　轴的材料

由于轴工作时产生的应力多为变应力，所以轴的失效多为疲劳损坏，因此轴的材料应具有足够的疲劳强度、较小的应力集中敏感性和良好的加工性能等。

轴的主要材料是优质碳钢和合金钢。

（1）中碳钢。价格低廉，对应力集中的敏感性较低，可以利用热处理提高其耐磨性和疲劳强度。常用的有 35、45 钢，其中以 45 钢使用最广。对于受力较小的或不太重要的轴，可以使用 Q235、Q275 等普通碳素钢。

（2）合金钢。对于要求强度较高、尺寸较小或有其他特殊要求的轴，可以采用合金钢材料。耐磨性要求较高的可以采用 20Cr、20CrMnTi 等低碳合金钢；要求较高的轴可以使用 40Cr（或用 35SiMn、0MnB 代替）、40CrNi（或用 38SiMnMo 代替）等进行热处理。合金钢比碳素钢机械强度高，热处理性能好，但对应力集中敏感性高，价格也较高。

高强度铸铁和球墨铸铁具有良好的制造工艺性，而且价廉、吸振性和耐磨性较好，应用于曲轴、凸轮轴等。

5.1.3　影响轴结构的因素

轴的结构形状取决于下面几个因素。

(1) 轴的毛坯种类；
(2) 轴上作用力的大小及其分布情况；
(3) 轴上零件的位置、配合性质及其连接固定的方法；
(4) 轴的加工方法、装配方法以及其他特殊要求。

轴的强度与工作应力的大小和性质有关，在选择轴的结构和形状时，应使轴的形状接近于等强度条件；尽量避免各轴段剖面突然改变以降低局部应力集中；改变轴上零件的布置，可以减小轴上的载荷；改进轴上零件的结构也可以减小轴上的载荷。轴的结构应便于加工与装配，形状力求简单，阶梯轴的级数尽可能少，各段直径不能相差太大。

轴上需磨削的轴段应设置砂轮越程槽，需车制螺纹的轴段应有退刀槽。各圆角、倒角、砂轮越程槽及退刀槽等尺寸尽可能统一，同一轴上的各个键槽应开在同一母线位置上。为便于装配，轴端应有倒角。轴肩高度不能妨碍零件的拆卸。对于阶梯轴一般设计成两端小中间大的形状，便于零件从两端装拆。影响轴结构的因素如图 5-9 所示。

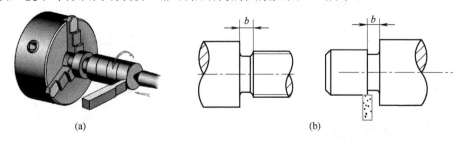

图 5-9 影响轴结构的因素

5.2 滑动轴承

5.2.1 滑动轴承的结构与特点

轴承是用来支承轴或轴上回转零件的部件。根据工作时摩擦性质的不同，轴承分为滑动轴承和滚动轴承两大类。滚动轴承一般由专业的轴承厂家制造，广泛应用于各种机器中。但对要求不高或有特殊要求的场合，如高速、重载、冲击较大，使用更多的则是滑动轴承。

滑动轴承是工作时轴承和轴颈的支承面间形成直接或间接滑动摩擦的轴承。

根据所承受载荷的方向，滑动轴承可分为径向滑动轴承和推力滑动轴承两大类。根据轴系和拆装的需要，滑动轴承可分为整体式和对开式两类。

1. 滑动轴承的结构

1) 径向滑动轴承

(1) 整体式滑动轴承。整体式滑动轴承如图 5-10 所示，结构简单，价格低廉，但轴的拆装不方便，磨损后轴承的径向间隙无法调整。适用于轻载、低速或间歇工作的场合。

(2) 对开式滑动轴承。对开式滑动轴承如图 5-11 所示，结构复杂，可以调整磨损造成的间隙，安装方便。应用于中高速、重载工作的机器中。

2) 推力滑动轴承

推力滑动轴承由轴承座和止推轴颈组成。常用的轴颈结构形式如图 5-12 所示。

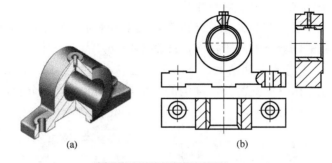

图 5-10 整体式滑动轴承

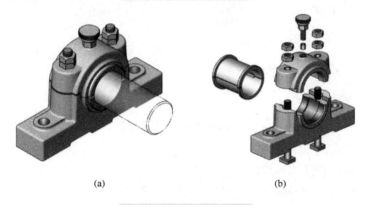

图 5-11 对开式滑动轴承

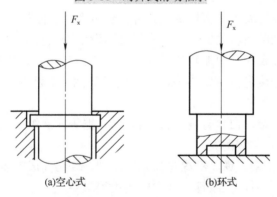

图 5-12 滑动轴承常用的轴颈结构形式

2. 滑动轴承的特点

滑动轴承工作平稳，噪声较滚动轴承低，工作可靠。如果能够保证滑动表面被润滑油膜分开而不发生接触，可以大大地减小摩擦损失和表面磨损。但是，普通滑动轴承的起动摩擦阻力大。

5.2.2 轴瓦

轴瓦是滑动轴承中的重要零件，它的结构设计是否合理对滑动轴承性能影响很大。为了节省贵重材料或结构需要，常在轴瓦的内表面上浇注一层轴承合金，称为轴承衬。轴瓦应具有一定的强度和刚度，在滑动轴承中定位可靠，便于注入润滑剂，容易散热，并且装拆、调整方便。

常用的轴瓦有整体式和剖分式两种结构。

(1) 整体式轴瓦(轴套)。整体式轴瓦一般在轴套上开有油孔和油沟以便润滑,如图 5-13(a)所示。粉末冶金制成的轴套一般不带油沟,如图 5-13(b)所示。

(2) 剖分式轴瓦。剖分式轴瓦由上、下两半瓦组成,如图 5-14 所示,上轴瓦开有油孔和油沟。轴瓦上的油孔用来供应润滑油,油沟的作用是使润滑油均匀分布,应开在非承载区。

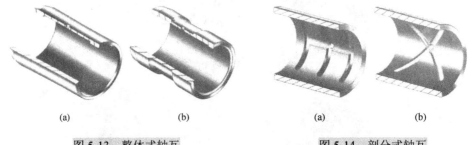

图 5-13 整体式轴瓦　　　　图 5-14 剖分式轴瓦

5.2.3 滑动轴承的材料

轴承材料是指在轴承结构中直接参与摩擦部分的材料。

轴承材料性能应满足以下要求。

减摩性：材料具有较低的摩擦因数。

耐磨性：材料应具有较好的抗磨损性能,通常以磨损率表示。

抗胶黏性：材料应具有较好的耐热性与抗黏附性。

摩擦顺应性：材料通过表层弹塑性变形来补偿轴承滑动表面初始配合不良的能力。

嵌入性：材料能容纳硬质颗粒嵌入,能减轻轴承滑动表面发生刮伤或磨粒磨损的性能。

磨合性：轴瓦与轴颈表面经短期轻载运行后,形成相互吻合的摩擦表面形状的能力。

此外还应有足够的强度和抗腐蚀能力,良好的导热性、工艺性和经济性。常用的轴承材料如下。

① 轴承合金(巴氏合金、白合金)由锡、铅、锑、铜等元素组成的合金。

② 铜合金分为青铜和黄铜两类。

③ 粉末冶金材料。由钢、铁、石墨等粉末经压制、烧结而成的多孔隙轴瓦材料。

④ 非金属材料。有塑料、橡胶等,其中塑料用得最多。

5.2.4 滑动轴承的安装与维护

(1) 滑动轴承安装要保证轴颈在轴承孔内转动灵活、平稳。

(2) 轴瓦与轴承座孔要贴实,轴瓦剖分面要高出轴承座接合面 0.05~0.1 mm,以便压紧。整体式轴瓦压入时要防止偏斜,并用紧定螺钉固定。

(3) 注意油路畅通,油路与油槽接通。刮研时油槽两边点子要软,以便形成油膜,两端点子均匀,以防止漏油。

(4) 滑动轴承使用过程中要经常检查润滑状况,防止轴瓦过度发热。遇有发热(一般在 60℃以下为正常)、冒烟、异常振动、声响等要及时检查,采取措施。

5.3 滚动轴承

5.3.1 滚动轴承的基本结构与特点

1. 滚动轴承的基本结构

滚动轴承一般由内圈、外圈、滚动体和保持架组成（图 5-15）。通常内圈随轴颈转动，外圈装在机座或轴承孔内固定不动。内、外圈都制有滚道，当内、外圈相对旋转时，滚动体将沿滚道滚动。保持架的作用是把滚动体沿滚道均匀地隔开（图 5-16）。

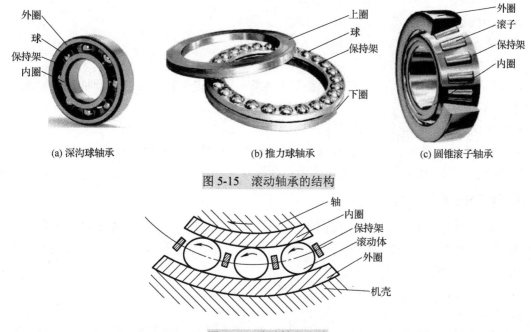

图 5-15 滚动轴承的结构

图 5-16 滚动轴承运动

滚动体与内外圈的材料应具有高的硬度和接触疲劳强度、良好的耐磨性和冲击韧性。一般用含铬合金钢制保持架，经热处理后硬度可达 61~65HRC，工作表面须经磨削和抛光。保持架一般用低碳钢板冲压制成，高速轴承多采用有色金属或塑料保持架。

与滑动轴承相比，滚动轴承具有摩擦阻力小、起动灵敏、效率高、润滑简便和易于互换等优点，所以获得广泛应用。它的缺点是抗冲击能力较差，高速时出现噪声，工作寿命不及液体摩擦的滑动轴承。由于滚动轴承已经标准化，并由轴承厂大批生产，所以较滑动轴承应用更广泛。

2. 滚动轴承的基本特点

滚动轴承用滚动摩擦代替滑动摩擦，与滑动摩擦轴承相比，滚动轴承的特点如下。

1) 优点

(1) 在一般使用条件下摩擦因数低，运转时摩擦力矩小、起动灵敏、效率高。
(2) 可用预紧的方法提高支承刚度及旋转精度。
(3) 对同尺寸的轴颈，滚动轴的宽度小，可使机器的轴向尺寸紧凑。
(4) 润滑方法简便，轴承损坏易于更换。

2)缺点

(1)承受冲击载荷的能力。
(2)高速运转时噪声大。
(3)滑动轴承径向尺寸大。
(4)与滑动轴承相比寿命较低。

5.3.2 滚动轴承的分类

滚动轴承分类的方法很多,按其所能承受的载荷方向或公称接触角的不同,分为以下两种。
(1)向心轴承。主要用于承受径向载荷。
(2)推力轴承。主要用于承受轴向载荷。

按其滚动体的种类,分为以下两种。
(1)球轴承。滚动体为球。
(2)滚子轴承。滚动体为滚子。按滚子的种类不同,滚子轴承可分为圆柱滚子轴承、圆锥滚子轴承。

按其工作时能否调心,分为以下两种。
(1)调心轴承。滚道是球面形的,能适应两滚道轴心线间的角偏差及角运动的轴承。
(2)非调心轴承(刚性轴承)。能阻止滚道间轴心线角偏移的轴承。

5.3.3 滚动轴承的代号

滚动轴承的类型和尺寸很多,为了便于设计、生产和选用,我国在国家标准《滚动轴承 代号方法》(GB/T 272—2017)中规定一般用途的滚动轴承代号由基本代号、前置代号和后置代号构成,其排列顺序为:

前置代号 基本代号 后置代号

1. 基本代号

基本代号表示轴承的基本类型、结构和尺寸,是轴承代号的基础。除滚动轴承外,基本代号由轴承类型代号、尺寸系列代号及内径代号构成。

(1)轴承类型代号。滚动轴承的类型代号用数字或大写拉丁字母表示,见表5-1。

表5-1 滚动轴承的类型代号

代号	轴承类型	代号	轴承类型
0	双列角接触球轴承	5	推力球轴承
1	调心球轴承	6	深沟球轴承
2	调心滚子轴承和推力调心滚子轴承	7	角接触球轴承
3	圆锥滚子轴承	8	推力圆柱滚子轴承
4	双列深沟球轴承	N	圆柱滚子轴承

注:在表中代号后或前加字母或数字表示该类轴承中的不同结构。

(2)尺寸系列代号。轴承的尺寸系列代号由轴承宽(高)度系列代号和直径系列代号组合而成。组合排列时,宽度系列在前,直径系列在后,见表5-2。

表 5-2 滚动轴承的尺寸系列代号

直径系列代号	向心轴承			
	宽度系列代号			
	1	2	3	4
	尺寸系列代号			
0	10	20	30	40
1	11	21	31	41
2	12	22	32	42
3	13	23	33	—
4	—	24	—	—

(3) 内径代号。内径代号表示轴承公称内径的大小，其表示方法见表 5-3。

表 5-3 滚动轴承的内径代号

代号	04～99	00	01	02	03
内径	（代号数字乘以 5 等于内径），如 25×5=125	10	12	15	17

滚动轴承的基本代号一般由五个数字组成，如下所示：

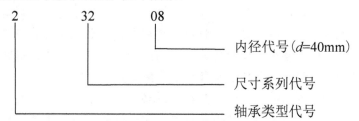

2. 前置代号、后置代号

前置代号、后置代号是轴承在结构形状、尺寸、公差、技术要求等有改变时，在其基本代号左右添加的补充代号，其排列见表 5-4。

表 5-4 滚动轴承前置代号和后置代号的排列

前置代号	轴承代号								
	基本代号	后置代号(组)							
		1	2	3	4	5	6	7	8
成套轴承分部件		内部结构	密封与防尘套圈变形	保持架及其材料	轴承材料	公差等级	游隙	配置	其他

滚动轴承的公差等级分为 0 级、6 级、6X 级、5 级、4 级和 2 级共六级，其代号分别为：/P0、/P6、/P6X、/P5、/P4、/P2，依次由低级到高级，0 级为普通级，在轴承代号中省略不标。

5.3.4 滚动轴承的安装与维护

滚动轴承安装时勿直接锤击轴承端面和非受力面，应以压块、套筒或其他安装工具(工装)

使轴承均匀受力,切勿通过滚动体传递动力安装。如果安装表面涂上润滑油,将使安装更顺利。如配合过盈较大,应把轴承放入矿物油内加热至 80~90℃后尽快安装,严格控制油温不超过 100℃,以防止回火降低硬度。在拆卸遇到困难时,建议使用拆卸工具。特别应当注意的是类型为 5 的推力球轴承,两个座圈中有一个内孔比标准内径值大约 0.2mm,应当将它安装在固定的工件上。

5.3.5 滚动轴承常见的失效形式

(1)疲劳点蚀。实践证明,有适当的润滑和密封,安装和维护条件正常时,由于滚动体沿着套圈滚动,在相互接触的物体表层内产生变化的循环接触应力,经过一定次数循环后,导致表层下部深处形成的微观裂缝。微观裂缝被渗入其中的润滑油挤裂而引起点蚀。

(2)塑性变形。在过大的静载荷和冲击载荷作用下,滚动体或套圈滚道上出现不均匀的塑性变形凹坑。这种情况多发生在转速极低或摆动的滚动轴承中。

(3)磨粒磨损、黏着磨损。滚动轴承在密封不可靠以及多尘的运转条件下工作时,易发生磨粒磨损。通常在滚动体与套圈之间,特别是滚动体与保持架之间有滑动摩擦,如果润滑不好,发热严重,可能使滚动回火,甚至产生胶合磨损。转速越高,磨损越严重。

另外,由于不正常的安装、拆卸及操作也会引起滚动轴承元件破裂,应该注意避免。

本 章 小 结

轴按受载情况分转轴、传动轴、心轴;按结构分空心轴和实心轴、直轴和曲轴;直轴又可分为光轴和阶梯轴。轴的材料中优质碳素钢成本低、性能好,应用最广泛;合金结构钢用于高强度、结构要求紧凑的场合。轴的结构应该满足安装、制造工艺性要求,定位、固定要求,与标准零件的配合尺寸要求及疲劳强度要求。

滑动轴承按照承载方向分为径向滑动轴承和推力滑动轴承。滑动轴承的材料应具有减摩擦、耐磨损、抗胶黏以及摩擦顺应性、磨合性等性能。最佳材料是各种铸造轴承合金。滚动轴承已经标准化,其基本代号由轴承类型代号、尺寸系列代号、内径代号组成。滚动轴承常见的失效形式是疲劳点蚀、塑性变形以及磨粒磨损等,应当正确安装和维护。

习 题

5-1 滚动轴承由哪几部分组成?保持架的作用是什么?

5-2 轴瓦上开油孔油槽的作用是什么?

5-3 滚动轴承的失效形式有哪些?

第6章 液压传动

6.1 液压传动概述

6.1.1 基本概念及工作原理

当前,液压技术在实现高压、高速、大功率、高效率、低噪声、经久耐用、高度集成化等各项要求方面都取得了重大的进展,在完善比例控制、伺服控制、数字控制等技术上也有许多新成就。此外,在液压元件和液压系统的计算机辅助设计、计算机仿真和优化以及微机控制等开发性方面,日益显示出显著的成绩。

液压技术的持续发展体现在如下一些比较重要的特征上。

(1)提高元件性能,创制新型元件,体积不断缩小。

(2)高度的组合化、集成化和模块化。

(3)和微电子结合,走向智能化。

1. 液压传动的基本概念

液压传动是利用有压的液体,经由一些机件控制之后来传递运动和动力的。液压传动是以液体作为工作介质对能量进行传动和控制的一种传动形式。

2. 液压传动的工作原理

液压传动的工作原理,可以用一个液压千斤顶的工作原理来说明。

图6-1是液压千斤顶的工作原理图。大油缸9和大活塞8组成举升液压缸。杠杆手柄1、小油缸2、小活塞3、单向阀4和7组成手动液压泵。如提起手柄使小活塞向上移动,小活塞下端油腔容积增大,形成局部真空,这时单向阀4打开,通过吸油管5从油箱12中吸油;用力压下手柄,小活塞下移,小活塞下腔压力升高,单向阀4关闭,单向阀7打开,下腔的油液经管道6输入举升油缸9的下腔,迫使大活塞8向上移动,顶起重物。再次提起手柄吸油时,单向阀7自动关闭,使油液不能倒流,从而保证了重物不会自行下落。不断地往复扳动手柄,就能不断地把油液压入举升缸下腔,使重物逐渐地升起。如果打开截止阀11,举升缸下腔的油液通过管道10、截止阀11流回油箱,重物就向下移动。

通过对上面液压千斤顶工作过程的分析,可以初步了解到液压传动的基本工作原理。液压传动是利用有压力的油液作为传递动力的工作介质,压下杠杆时,小油缸2输出压力油,是将机械能转换成油液的压力能,压力油经过管道6及单向阀7,推动大活塞8举起重物,是将油液的压力能又转换成机械能。大活塞8举升的速度取决于单位时间内流入大油缸9中

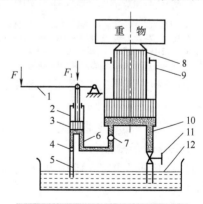

图6-1 液压千斤顶的工作原理图

1-杠杆手柄;2-小油缸;3-小活塞;4、7-单向阀;5-吸油管;
6、10-管道;8-大活塞;9-大油缸;11-截止阀;12-油箱

油液容积的大小。由此可见,液压传动是一个不同能量的转换过程。

由液压千斤顶的工作原理可知,液压传动是以油液作为工作介质,依靠密封容积的变化来传递运动,依靠液体内部的压力来传递动力的。

6.1.2 组成及特点

1. 液压传动系统的组成

如图 6-2 所示,液压系统主要由以下四部分组成。

(1)能源装置:把机械能转换成油液液压能的装置。最常见的形式就是液压泵,它给液压系统提供压力油。

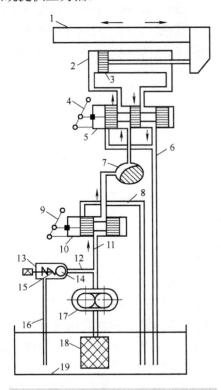

图 6-2 机床工作台液压系统工作原理图

1-工作台;2-液压缸;3-活塞;4-换向手柄;5-换向阀;
6、8、16-回油管;7-节流阀;9-开停手柄;10-开停阀;
11-压力管;12-压力支管;13-溢流阀;14-钢球;
15-弹簧;17-液压泵;18-滤油器;19-油箱

(2)执行元件:把油液的液压能转换成机械能的元件。有作直线运动的液压缸,或作回转运动的液压马达。

(3)控制调节元件:对系统中油液压力、流量或油液流动方向进行控制或调节的元件。

如图 6-2 中的溢流阀、节流阀、换向阀、开停阀等。这些元件的不同组合形成了不同功能的液压系统。

(4)辅助元件:上述三部分以外的其他元件,如油箱、过滤器、油管等。它们对保证系统正常工作有着重要作用。

2. 液压传动系统的特点

1)液压传动的优点

(1)在同等的体积下,液压装置能比电气装置产生出更多的动力。

(2)液压装置工作比较平稳。

(3)液压装置能在大范围内实现无级调速(调速范围可达 2000r/min),它还可以在运行的过程中进行调速。

(4)液压传动易于自动化,它对液体压力、流量或流动方向易于进行调节或控制。

(5)液压装置易于实现过载保护。

(6)由于液压元件已实现了标准化、系列化和通用化,液压系统的设计、制造和使用都比较方便。

(7)用液压传动实现直线运动远比用机械传动简单。

2)液压传动的缺点

(1)液压传动在工作过程中常有较多的能量损失(摩擦损失、泄漏损失等),长距离传动时更是如此。

(2)液压传动对油温变化比较敏感,它的工作稳定性很容易受到温度的影响,因此它不宜在很高或很低的温度条件下工作。

(3)为了减少泄漏,液压元件在制造精度上的要求较高,因此它的造价较贵,而且对工作介质的污染比较敏感。

(4)液压传动出现故障时不易找出原因。

6.2 常用液压原件

6.2.1 液压泵

液压系统也采用图形符号表示,国家标准《流体传动系统及元件图形符号和回路图第1部分:用于常规用图和数据处理的图形符号》(GB/T 786.1—2009)对液压系统的图形符号作出规定,用来表示元件的职能,可方便而清晰地表达各种液压系统。

图 6-3 所示为用图形符号表达的机床工作台液压系统。

液压泵是将电动机输出的机械能转化为液压油压力能的能量转换装置。

液压系统中一般将电动机、液压泵、油箱、安全阀等组成液压系统泵站,为系统提供压力油。液压系统泵站外形如图 6-4 所示。

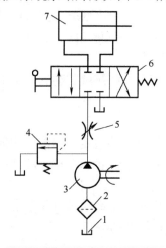

图 6-3 机床工作台液压系统图

图 6-4 液压泵站

1-油箱;2-过滤器;3-单向定量油泵;4-溢流阀;
5-调速阀;6-换向阀;7-油缸

按单位时间内输出的油液体积是否可调,液压泵可分为变量泵和定量泵。可调节的液压泵为变量泵,不可调节的液压泵为定量泵。通常以单向定量泵和单向变量泵应用较为广泛。

按结构形式,液压泵可分为齿轮泵、叶片泵和柱塞泵等。

液压泵的图形符号见表 6-1。

表 6-1 液压泵的图形符号

单向定量泵	单向变量泵	单向旋转定量泵	双向变量泵
![]	![]	![]	![]

1. 齿轮泵

齿轮泵分为外啮合齿轮泵(图 6-5)和内啮合齿轮泵(图 6-6)两种类型。

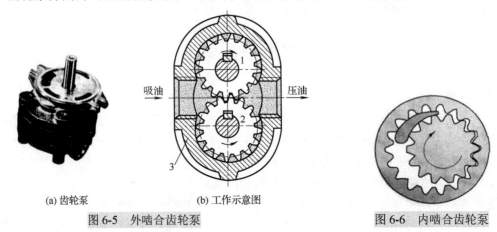

(a)齿轮泵　　　　　(b)工作示意图

图 6-5　外啮合齿轮泵

图 6-6　内啮合齿轮泵

低压齿轮泵的压力为 2.5MPa。

外啮合齿轮泵具有结构简单、尺寸小、重量轻、制造方便、价格低廉、工作可靠、自吸能力强、对污染不敏感和容易维护等优点，但也有齿轮轴承受不平衡径向力、磨损严重、泄漏大、工作压力的提高受限制、压力脉动和噪声比较大的缺点。

内啮合齿轮泵具有结构紧凑、尺寸小、重量轻、使用寿命长和流量脉动远小于啮合齿轮泵的优点，但加工度要求高，造价较高。

2. 叶片泵

如图 6-7 所示，叶片泵的转子旋转时，嵌入转子槽内的叶片沿着定子内廓曲线伸缩，使两叶片间的容积发生变化。容积增大，形成局部真空，吸入油液；容积缩小，油液压出。叶片泵的最高压力达到 6.3MPa。

叶片泵具有工作压力高、流量脉动小、工作平稳、噪声小、寿命较长、易于实现变量的优点；但也有结构复杂、吸油能力不太好、对油液污染比较敏感的缺点。

 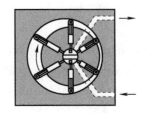

(a)叶片泵实物图　　　　(b)工作示意图

图 6-7　叶片泵

3. 柱塞泵

柱塞泵分为轴向柱塞泵和径向柱塞泵(图 6-8)。柱塞泵为高压液压泵，压力达 10MPa 以上。

轴向柱塞泵可变量，结构紧凑，径向尺寸小，惯性小，容积效率高，工作压力高，一般用于高压系统中；但轴向尺寸大，轴向作用力大，结构复杂。

径向柱塞泵流量大，工作压力高，轴向尺寸小，可变量；但径向尺寸大，结构复杂，自吸能力差，配流轴受径向不平衡力，易于磨损，限制了转速和压力的提高。

(a)轴向柱塞泵　　　　(b)径向柱塞泵

图 6-8　柱塞泵

6.2.2　液压缸

液压缸(图 6-9)是液压系统的执行元件，它完成液体压力能转换成机械能的过程，实现执行元件的直线往复运动。液压缸可分为活塞式、柱塞式和摆动式三种。下面以活塞式液压缸为例介绍液压缸的组成及工作情况。

图 6-9　液压缸

活塞式液压缸分为双出杆活塞式液压缸和单出杆活塞式液压缸两种类型。图形符号如图 6-10 所示。

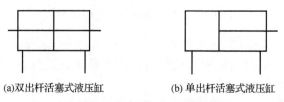

(a)双出杆活塞式液压缸　　　　(b)单出杆活塞式液压缸

图 6-10　活塞式液压缸图形符号

双出杆活塞式液压缸中被活塞分隔开的液压缸两腔中都有活塞杆伸出，且两活塞杆直径相等。当流入两腔中的液压油流量相等时，活塞的往复运动速度和推力相等。单出杆活塞式液压缸仅一端有活塞杆，所以两腔工作面积不相等。

活塞式油缸在安装时可以活塞杆固定，也可以缸体固定。

液压缸由缸筒和缸盖、活塞和活塞杆、密封装置、缓冲装置、排气装置五个部分组成。

缸筒和缸盖常见的连接形式如下。

(1)法兰式，如图 6-11(a)所示，适用于工作压力不高的场合。特点是易加工、易装拆，但外形尺寸和重量都较大。缸筒一般采用铸铁制造，但用于工作压力较高场合时常采用无缝钢管制作的缸筒。

(2) 螺纹式，如图 6-11(b)所示，在机床上应用较多，特点是外形小、重量轻，但端部结构较复杂，装拆需使用专用工具。

(3) 拉杆式，如图 6-11(c)所示只用于短缸，结构通用性大，外形尺寸大且较重，常用于无缝钢管或铸钢的缸筒上。

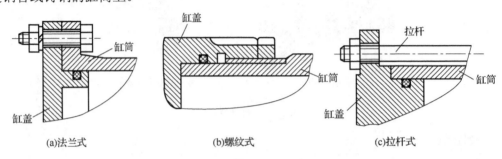

图 6-11　缸筒与缸盖

活塞和活塞杆的连接方式很多，机床上多采用锥销连接和螺纹连接。锥销连接一般用于双出杆液压缸(图 6-12(a))，螺纹连接多用于单出杆液压缸(图 6-12(b))。

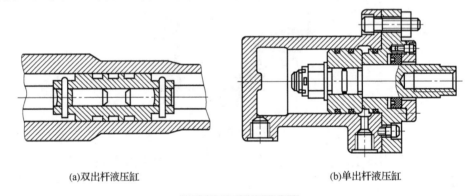

图 6-12　活塞与活塞杆

常见的液压缸密封装置如图 6-13 所示。图 6-13(a)为间隙密封，采用在活塞表面制出几条细小的环槽，以增大油液通过间隙时的阻力，特点是摩擦阻力小，耐高温，但泄漏大，用于压力低、速度高的液压缸。

图 6-13(b)为密封圈密封，利用橡胶或塑料的弹性作用，使各种截面环贴紧在动、静配合面之间来防止泄漏，特点是结构简单，磨损后有自动补偿性能，密封性能好。

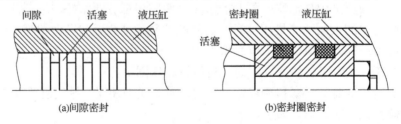

图 6-13　密封装置

缓冲装置是为了防止活塞运动到极限位置时和缸盖之间相撞。缓冲装置常用于大型、高压或高精度的液压设备之中。常用缓冲结构如图 6-14 所示，当活塞工作接近缸盖时，活塞和缸盖间封住的油液从活塞上的轴向节流槽流出。节流口流通截面逐渐减小，从而保证了缓冲腔保持恒压而起到缓冲作用。

对稳定性要求较高的大型液压缸则需要设置排气装置，常用的有两种形式：一种是在缸盖最高部位处开排气孔，如图6-15(a)所示；一种是在缸盖最高部位处安放排气塞，如图6-15(b)所示。

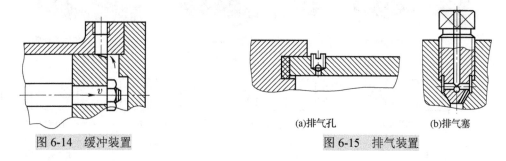

图6-14 缓冲装置　　　　　　　　　图6-15 排气装置

6.2.3 液压控制阀

液压控制阀用来控制液压系统中油液的流动方向并调节压力和流量，分为方向控制阀、压力控制阀和流量控制阀三大类。

1. 方向控制阀

方向控制阀是控制油液流动方向的阀，包括单向阀和换向阀两种。

单向阀如图6-16所示，又分为普通单向阀和液控单向阀两种。普通单向阀只允许油液从p_1到p_2单向流动，见图6-16(a)；液控单向阀可以同普通单向阀一样工作，也可以在远程控制口K作用下允许油液p_1、p_2口双向流通。

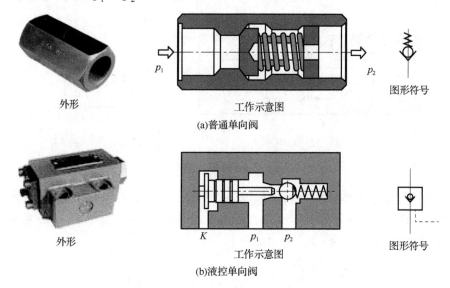

图6-16 单向阀

换向阀是利用阀芯相对阀体位置的变化，实现油路接通或关断，使液压执行元件起动、停止或变换运动方向。换向阀有多种形式，按阀芯的运动方式分为滑阀和转阀，常见的是滑阀；按阀的工作位置数和通路数可以分为"几位几通"阀，如二位三通阀、三位四通阀等；

按操纵控制方式不同可分为手动控制、电磁控制、液动控制、电液控制和机动控制阀。如图 6-17 所示为换向阀操控方式的表示方法。

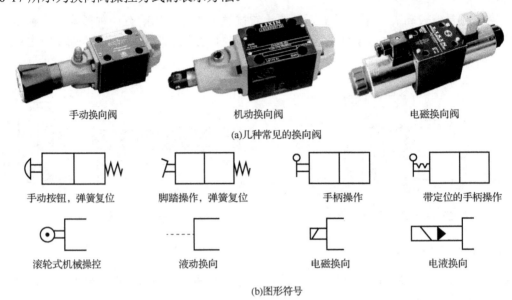

图 6-17　换向阀

换向原理：图 6-18(a)为二位三通换向阀的结构。由图示可以看出，阀体上开有多个通口，而阀芯只有二个位置，称该阀为"二位"；油液流通孔口有三个，称为"三通"，所以该阀称为"二位三通阀"。当滑动阀芯时，可以使阀芯处于两种位置：在左位时，油液经阀口 P 流入，从阀口 B 流出；当处于右位时，油液经阀口 A 流入，经阀口 P 流出。图 6-18(b)为二位三通换向阀的图形符号。

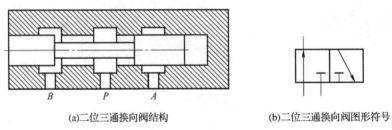

图 6-18　换向原理

滑阀机能：换向阀的阀芯处于中位时，其油口 P、A、B、O 有不同的连接方式，可表现出不同的性质，把适应各种不同工作要求的连通方式称为滑阀机能。如图 6-19 所示，P、A、B、O 互不相通为 O 型，P、A、B、O 全通为 H 型。

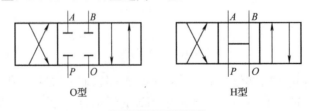

图 6-19　滑阀机能

2. 压力控制阀

压力控制阀用于实现系统压力的控制。常见的压力控制阀有溢流阀、顺序阀和减压阀。

进入液压缸多余的油液经溢流阀流回油箱，保持系统油压基本稳定，此时溢流阀起保持系统压力恒定的作用。溢流阀还可以用来限定系统的最高压力，溢流阀的调定压力通常比系统的最高工作压力调高 10%～20%。平时溢流阀阀口关闭，只有当油液压力超过溢流阀调定压力时，溢流阀开启并溢流，起安全保护作用。

(1) 直动式溢流阀如图 6-20(a)所示，系统中的压力油直接作用在阀芯上与弹簧力相平衡，以控制阀芯的启闭作用。通过旋松或旋紧溢流阀的调节螺钉可调节溢流阀的开启压力。

(2) 先导式溢流阀如图 6-20(b)所示，由先导阀和主阀两部分组成，先导式溢流阀有一个远程控制器，当它与另一远程调压阀相连时，就可以通过调节溢流阀主阀上端的压力，实现溢流阀的远程调压。

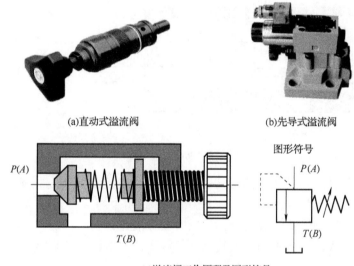

(a) 直动式溢流阀　　(b) 先导式溢流阀

(c) 溢流阀工作原理及图形符号

图 6-20　溢流阀

(3) 顺序阀的作用是使两个以上执行元件按压力大小实现顺序动作，如图 6-21 所示。顺序阀按结构的不同分为直动式和先导式两种类型。

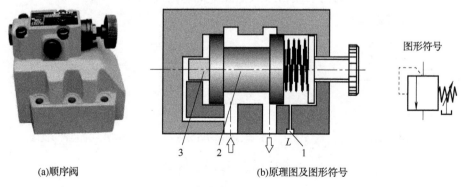

(a) 顺序阀　　(b) 原理图及图形符号

图 6-21　顺序阀

1-阀泄油口；2-阀芯；3-阀芯端头

(4) 减压阀的出口压力低于进口压力,其作用是降低液压系统中某一局部的油液压力,还有稳压的作用。根据所控制的压力不同,可分为定值减压阀、定差减压阀和定比减压阀。定值减压阀出口压力维持在一个定值;定差减压阀是使进、出油口之间的压力差不变或接近不变;定比减压阀则是使进、出油口压力的比值维持恒定。

(5) 定值减压阀在液压系统中应用最为广泛,也简称为减压阀,常用的也有直动式减压阀和先导式减压阀。

如图 6-22 所示直动式减压阀,与弹簧力相平衡的控制压力来自出口一侧,且阀口为常开式。当减压阀的出口压力未达到设定值时,阀芯处于左侧,阀口 A 全开。当出口压力逐渐上升并达到设定值时,阀芯右移,开口量减小,压力损失增加,使出口压力低于设定压力,达到减压的目的。

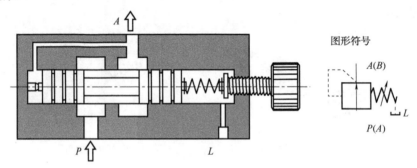

图 6-22 直动式减压阀

从外观上看,各种压力控制阀的形状完全一致,无论是溢流阀、顺序阀还是减压阀,要看阀的铭牌,不能只从形状判断。

减压阀有板式安装和管式安装之分,使用时要分清楚。

相同规格的减压阀,型号不同,安装尺寸可能不同,多数不能直接互换。

3. 流量控制阀

流量控制阀依靠改变阀口通流面积大小来调节通过阀口的流量,达到调节执行元件的运动速度的目的。常用的有普通节流阀和调速阀等。

(1) 普通节流阀是液压传动系统中结构最简单的流量控制阀,依靠改变节流口的大小来调节执行元件的运动速度。常见的节流口形式如图 6-23 所示。

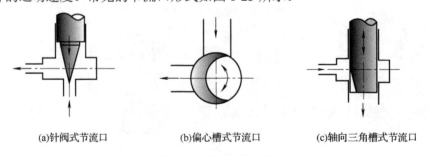

(a) 针阀式节流口　　(b) 偏心槽式节流口　　(c) 轴向三角槽式节流口

图 6-23 常见的节流口形式

必须注意的是,在液压传动系统中,如果采用定量泵供油,其排量是恒定的,在回路中调节节流阀的节流口大小只是改变液阻,从而改变液流流经节流元件的压力降,但总的流量无法改变,因此执行元件的运动速度不变。只有当系统中有用于分流的溢流阀时,调节节流阀的阀口大小，影响溢流阀口的压力，改变溢流阀溢流量，才能改变通过节流阀的流量，达到调节执行元件运动速度的目的。因此，节流阀常与定量泵、溢流阀共同组成节流调速系统。节流阀受温度和负载影响较大，常用于温度和负载不大的场合。

(2) 调速阀（图 6-24）是将节流阀和定差减压阀串接而成的。当调速阀的进口或出口压力发生波动时，定差减压阀可以维持节流阀前后的压差基本保持不变，克服负载波动对节流阀的影响，保证执行元件的运动速度不因负载变化而变化。

调速阀的图形符号如图 6-24(b) 所示。

4. 液压辅助元件

液压辅助元件主要有蓄能器、过滤器、油箱、热交换器及管件等。

(1) 蓄能器。蓄能器主要用来储存和释放油液的压力能，保持系统压力恒定，减小系统压力的脉动冲击。

图 6-25 所示为活塞式蓄能器。蓄能器内的活塞将油和气体分开，气体从阀门充入，油液经油孔连通系统。工作原理是利用气体的压缩和膨胀来储存和释放压力能。蓄能器用来储存能量并供中、高压系统吸收压力脉动。

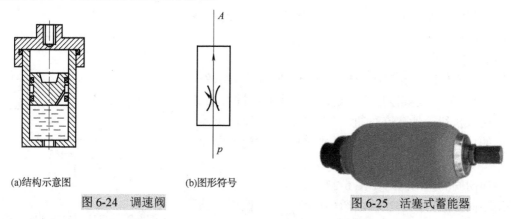

图 6-24　调速阀　　　　　图 6-25　活塞式蓄能器

(2) 过滤器。过滤器的功用是滤清油液中的杂质，保证系统管路畅通，使系统正常工作。

(3) 油箱。油箱的功用主要是储油，散发油液中的热量，释放混在油液中的气体，沉淀油液中的杂质等。油箱不是标准件，需根据系统要求自行设计。

6.3　液压基本回路

液压系统不管有多么复杂，总是由一些基本回路所组成。这些基本回路根据其功用不同可分为压力控制回路、调压回路、方向控制回路、速度控制回路等。

1. 压力控制回路

压力控制回路是利用压力控制阀来控制或调节整个液压系统或液压系统局部油路上的工作压力，满足液压系统不同执行元件对工作压力的不同要求。

2. 调压回路

调压回路用来调定或限制液压系统的最高工作压力，或者使执行元件在工作过程的不同阶段实现多种不同的压力变换。一般由溢流阀来实现。当液压系统工作时，如果溢流阀始终能够处于溢流状态，保持溢流阀进口的压力基本不变，如果将溢流阀并接在液压泵的出油口，

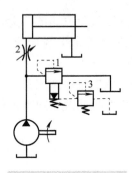

图 6-26 单级调压回路

1—先导式溢流阀；2—节流阀；3—远程调压阀

达到调定液压泵出口压力基本保持不变。

图 6-26 为采用先导式溢流阀 1 和远程调压阀 3 组成的基本调压回路。在转速一定的情况下，定量泵输出的流量基本不变，当改变节流阀 2 的开口大小来调节液压缸运动速度时，由于要排掉定量泵输出多余流量，先导式溢流阀 1 始终处于开启溢流状态，使系统工作压力稳定在先导式溢流阀 1 调定的压力值附近。

若图 6-26 所示回路中没有节流阀 2，则泵出口压力将直接随负载压力变化而变化，先导式溢流阀 1 作安全阀使用对系统起安全保护作用。

如果在先导式溢流阀 1 的远控口处接上一个远程调压阀 3，则回路压力可由远程调压阀 3 远程调节，实现对回路压力的远程调压控制，但此时要求主溢流阀必须是先导式溢流阀，且阀的调定压力（阀中先导阀的调定压力）必须大于远程调压阀 3 的调定压力，否则远程调压阀 3 将不起远程调压作用。

压力控制回路除调压回路外，还有减压回路、卸荷回路、平衡回路、保压回路等。

3. 方向控制回路

液压执行元件除了在输出速度、输出力方面有要求外，对其运动方向、停止及其停止后的定位性能也有不同的要求。通过控制进入执行元件液流的通、断或变向来实现液压系统执行元件的启动、停止或改变运动方向的回路称为方向控制回路。

采用换向阀的换向回路如图 6-27 所示。

采用不同操纵形式的二位四通（五通）、三位四通（五通）换向阀都可以使执行元件直接实现换向。二位换向阀只能使

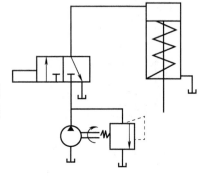

图 6-27 单作用缸的换向回路

执行元件实现正、反向换向运动；三位换向阀除了能够实现正、反向换向运动，还有中位机能，不同的滑阀中位机能可使系统获得不同的控制特性，如锁紧、卸荷、浮动等。对于利用重力或弹簧力回程的单作用液压缸，用二位三通阀就可使其换向，如图 6-27 所示；采用电磁阀换向最为方便，但电磁阀动作快，换向有冲击、换向定位精度低，且交流电磁铁不宜作频繁切换，以免线圈烧坏；采用电液换向阀，可通过调节单向节流阀来控制换向时间，其换向冲击较小，换向控制力较大，但换向定位精度低、换向时间长、不宜频繁切换；采用机动阀换向，可以通过工作机构的挡块和杠杆直接控制换向阀换向，既省去了电磁阀换向的行程开关、继电器等中间环节，换向频率也不会受电磁铁的限制，换向过程平稳、准确、可靠，但机动阀必须安装在工作机构附近。由此可见，采用任何单一换向阀控制的换向回路，都很难实现高性能、高精度、准确的换向控制。

除换向回路外，常用的方向控制回路还有锁紧回路和制动回路等。

4. 速度控制回路

(1) 调速回路。液压执行元件主要是液压缸，工作速度与其输入的流量及其几何参数有关。在不考虑管路变形、油液压缩性和回路各种泄漏因素的情况下，液压缸的速度为

$$v = \frac{q_v}{A}$$

由上式可知，调节液压缸的工作速度，可以改变输入执行元件的流量，也可以改变执行元件的几何参数。对于几何尺寸已经确定的液压缸和定量泵来说，要想改变其有效作用面积或排量是困难的，一般只能用改变输入液压缸或定量泵流量大小的办法来进行调速。

(2) 节流调速回路。定量泵节流调速回路根据流量控制阀在回路中安放位置的不同，分为进油节流调速、回油节流调速、旁路节流调速三种基本形式。回路中的流量控制阀可以采用节流阀或调速阀进行控制，因此这种调速回路有多种形式。采用进油节流调速如图 6-28(a) 所示，采用回油节流调速如图 6-28(b) 所示。

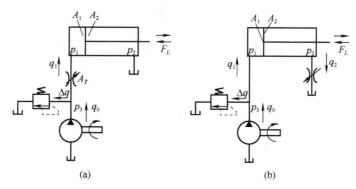

图 6-28 节流调速回路

将节流阀串联在液压泵和液压缸之间，用来控制进入液压缸的流量达到调速目的，为进油节流调速回路，如图 6-28(a) 所示；将节流阀串联在液压缸的回油路上，借助节流阀控制液压缸的排油流量来实现速度调节，为回油节流调速回路，如图 6-28(b) 所示。定量泵多余油液通过溢流阀流回油箱。由于溢流阀处在溢流状态，定量泵出口的压力 p 为溢流阀的调定压力，且基本保持定值，与液压缸负载的变化无关，所以这种调速回路也称为定压节流调速回路。

采用节流阀进油、回油节流调速回路的结构简单，价格低廉，但负载变化对速度的影响较大，低速、小负载时的回路效率较低，因此该调速回路适用于负载变化不大、低速、小功率的调速场合，如机床的进给系统中。

除节流调速回路外，调速回路还有容积调速回路和速度切换回路等，可参看有关书籍。

5. 液压基本回路示例

图 6-29 为液压自动车床的液压进给控制系统。该液压系统中包括压力控制回路、速度控制回路和方向控制回路。分析其各控制回路的作用及工作过程。

(1) 压力控制回路。如图 6-29 所示，定量液压泵 3 通过滤油器从油箱 1 中吸取液压油，建立压力能，出口压力由溢流阀 4 调定为 1.2MPa，当三位四通换向阀处于中位且压力油向阀中位组成卸荷回路时，油泵的出口压力接近于零，从而减少功率损耗。

(2) 方向控制回路。

① 利用方向控制阀的换向回路：方向控制是由三位四通电磁换向阀 6 控制，当 1YA 通电、2YA 断电时，换向阀左位接入系统，液压缸 10 的活塞左移，反之活塞右移。

② 利用换向阀的中位机能锁紧回路：当 1YA、2YA 都断电时，滑阀处于中位，利用中位机能，此时液压缸进、出油路均被截断，活塞可被锁止在缸体的任何位置。

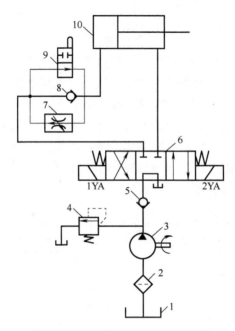

图 6-29 液压自动车床的进给系统

1-油箱；2-过滤器；3-定量液压泵；4-溢流阀；5-单向阀；6-换向阀；7-调速阀；8-单向阀；9-行程阀；10-液压缸

(3) 速度控制回路。由行程阀 9 和调速阀 7 共同组成速度控制回路。图 6-29 所示为活塞快速运动。而当行程阀被压下时，活塞则由快速进给转换成慢速进给，实现速度转换。

(4) 液压系统的工作分析如下。

快速前进阶段：电磁铁 1YA 断电、2YA 通电，三位四通换向阀 6 右位接入系统，活塞实现向右快进，其油路是：

进油路—过滤器 2—定量液压泵 3—单向阀 5—换向阀 6—行程阀 9—液压缸 10 左腔。

回油路—液压缸 10 右腔—换向阀 6—油箱 1。

工作进给阶段：当快速进给阶段终了，挡块压下行程阀 9，活塞实现工作进给阶段时，其油路是：

进油路—过滤器 2—定量液压泵 3—单向阀 5—换向阀 6—调速阀 7—液压缸 10 左腔。

回油路—液压缸 10 右腔—换向阀 6—油箱 1。

快退阶段：1YA 通电、2YA 断电，此时活塞实现快退动作，其油路是：

进油路—过滤器 2—定量液压泵 3—单向阀 5—液压缸 10 右腔。

回油路—液压缸 10 左腔—单向阀 8—换向阀 6—油箱 1。

卸荷阶段：1YA、2YA 都断电，换向阀处于中位，液压缸两腔被封闭，活塞停止运动，此时泵卸荷，其油路是：

卸荷油路—过滤器 2—定量液压泵 3—单向阀 5—换向阀 6—油箱 1。

电磁铁和行程阀的动作顺序可参照表 6-2，其中电磁阀通电行程阀压下用"+"表示，电磁阀断电行程阀抬起用"—"表示。

表 6-2 电磁铁和行程阀的动作顺序

电磁铁或行程阀动作顺序	电磁铁		行程阀
	1YA	2YA	
快速前进	−	+	−
工作进给	−	+	+
快退	+	−	−
原位停止（卸荷）	−	−	−

在上例中，试问：
① 油泵出口压力有几种？各为多少？
② 油缸 10 是单作用油缸还是双作用油缸？是单出杆油缸还是双出杆油缸？
③ 油缸 10 的最高油腔压力为多少？什么时候出现？最低压力为多少？什么时候出现？
④ 电磁阀 6 是几位几通阀？中位机能有哪些作用？
⑤ 溢流阀 4 的作用是什么？
⑥ 如果油缸 10 活塞直径为 70 mm，活塞杆直径为 50 mm，活塞快进和快退的速度比为多少？

本 章 小 结

液压传动是利用有压的液体，经由一些机件控制之后来传递运动和动力的。液压传动是以液体作为工作介质对能量进行传动和控制的一种传动形式。

液压系统主要由能源装置、执行元件、控制调节元件、辅助元件四部分构成。

液压系统不管有多么复杂，总是由一些基本回路所组成。这些基本回路根据其功用不同可分为压力控制回路、调压回路、方向控制回路、速度控制回路等。

习　　题

如图 6-30 所示为某液压传动系统局部回路简图，看懂系统图，回答下列问题：
(1) 元件 1 的名称是什么？
(2) 当元件 1 处于图示状态时，液压缸活塞向右还是向左运动？
(3) 1YA 通电时，液压缸活塞向哪个方向运动？
(4) 1YA 通电和断电两个状态下，液压缸活塞运动速度哪个大？

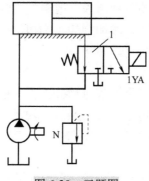

图 6-30　习题图

第7章 机械的节能环保与安全防护

7.1 机械的润滑

7.1.1 润滑剂

用于润滑、冷却和密封机械摩擦部分的物质称为润滑剂。

根据外形,润滑剂可分为油状液体润滑油、油脂状半固体润滑脂和固体润滑剂。

工业润滑剂的主要作用是降低摩擦表面的摩擦损伤。在一般机械中,通常采用润滑油或润滑脂来润滑。

1. 工业润滑油

按用途分机械油(高速润滑油)、织布机油、道轨油、轧钢油、汽轮机油、压缩机油、冷冻机油、气缸油、船用油、齿轮油、机压齿轮油、车轴油、仪表油、真空泵油。

1) 润滑油的主要性能指标

(1)黏度。黏度是润滑油抵抗剪切变形的能力。黏度是润滑油最重要的性能指标。国家标准把温度在40℃时润滑油运动黏度数字的整数值作为其牌号。

(2)黏度指数。温度升高,黏度会明显降低。黏度指数是衡量润滑油黏度随温度变化程度的指标。黏度指数越大,油黏度受温度变化的影响越小,性能越好。

(3)油性。即润滑性,指润滑油湿润或吸附于干摩擦表面的性能。吸附能力越强,油性越好。

(4)极压性能。指润滑油中的活性分子与摩擦表面形成耐磨、耐高压化学反应膜的能力。重载机械设备,如大功率齿轮传动、蜗杆传动等,要采用极压性能的润滑油。

(5)闪点。润滑油在规定条件下加热,油蒸气和空气的混合气与火焰接触发生瞬时闪火时的最低温度称为闪点。闪点为使用安全指标,应高于工作温度20~30℃。润滑油的闪点范围为120~340℃。

(6)凝点。润滑油在规定条件下冷却,失去流动性时的最高温度称为凝点。它反映油品可使用的最低温度。润滑油的凝点应比工作环境的最低温度低5~7℃。

2) 润滑油的添加剂

为了更好地满足不同使用场合的各种需求,改善润滑油的使用性能,常在润滑油中加入定量的其他物质,称为润滑油添加剂。添加剂的种类很多,按作用分为清净分散剂、极压抗磨剂、抗氧抗腐剂、油性剂、防锈剂、降凝剂等。

3) 润滑油的选用

选用润滑油主要是确定油品的种类和牌号(黏度)。一般根据机械设备的工作条件、载荷和速度,先确定合适的黏度范围,再选择适当的润滑油品种。工作于高温重载、低速,机器工作中有冲击、振动、运转不平稳并经常起动、停车、反转、变载变速,轴与轴承的间隙较大。

2. 润滑脂

润滑脂是润滑油(占70%~90%)与稠化剂、添加剂等的膏状混合物。

润滑脂品种按所用润滑油可分为矿物油润滑脂和合成油润滑脂。矿物油润滑脂通常按稠化剂来分类和命名。

1) 润滑脂的主要性能指标

(1) 针入度。将重量为 1.5N 的标准圆锥体放入 25℃的润滑脂试样中，经 5 分钟后沉入的深度称为该润滑脂的针入度，以 1/10mm 为单位。润滑脂按针入度从大至小分为 0～9 号共 10 个牌号，号数越大，针入度越小，润滑脂越稠。常用 0～4 号。

(2) 滴点。在规定的加热条件下，润滑脂从标准量杯的孔口滴下第一滴油时的温度为滴点，滴点决定润滑脂的最高使用温度，一般应高于使用温度 20～30℃。

2) 润滑脂的特点

黏度随温度变化小，使用温度范围较广；黏附能力强，油膜强度高，且有耐高压和极压性，故承载能力较大，在冲击、振动、间歇运转、变速等条件下应用；黏性大，不易流失，故密封装置和使用维护都较简单；使用寿命长，消耗量少；摩擦阻力较大，散热能力差，故不宜用于高速高温场合。

润滑脂在一般转速、温度和载荷条件下应用较多，特别是滚动轴承的润滑。

3) 选用润滑脂的原则

(1) 在高速重载或有严重冲击振动时，选用针入度较小的润滑脂；对于中载荷和低载荷一般选用 2 号脂。

(2) 机器在较高温度、速度下工作时，应选用抗氧化性好，蒸发损失小，滴点高的润滑脂。

(3) 对于滚动轴承，当 dn>75000mm·r/min 时，一般使用 3 号脂为宜；dn<75000mm·r/min 时，用 1 号或 2 号脂。

(4) 对于潮湿和有水环境，选用抗水性好的润滑脂。

7.1.2 润滑方法与润滑装置

选择润滑剂后，还必须用合适的方法输送到各摩擦部位，对摩擦部位的润滑情况进行监控、调节和维护，以确保机械设备处于良好的润滑状态。

1. 油润滑的方法和装置

(1) 手工加油润滑。操作人员用油壶或油枪将油注入设备的油孔、油嘴或油杯中，使油流至需要润滑的部位。加油量凭操作人员感觉和经验控制。这种方法供油不均匀、不连续，主要用于低速、轻载、间歇工作的开式齿轮、链条及其他摩擦副的滑动面润滑。

(2) 滴油润滑。滴油润滑用油杯供油，利用油的自重流至摩擦表面。油杯多用铝或铜制成，杯壁和检查孔用透明塑料制造，以便观察杯中油位。常用滴油杯有针阀式油杯、均匀滴油杯和油绳式油杯。图 7-1 为几种常见的油杯。

(3) 油环润滑。如图 7-2 所示，油环挂在水平轴上，下部浸入油中，依靠摩擦力被轴带动旋转，将油带至轴颈上，适用于低速旋转，润滑轴承。

(4) 油浴和飞溅润滑。利用旋转构件（如齿轮、蜗杆、蜗轮等）将油池中油带至摩擦部位进行的润滑称为油浴润滑。旋转件浸入油一定深度，旋转体将油飞溅起散落到其他零件上进行的润滑称为飞溅润滑。油浴润滑和飞溅润滑简单可靠，主要用于闭式齿轮传动、蜗杆传动和内燃机等。

(5) 喷油润滑。压力油通过喷嘴喷至摩擦表面，既润滑又冷却。对于>10m/s 齿轮传动，应采用喷油润滑，将油喷到啮合处的齿隙中。

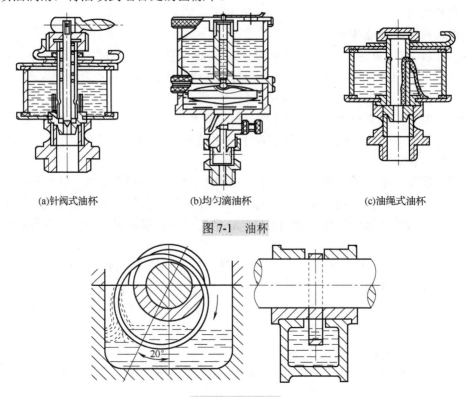

(a)针阀式油杯　　　(b)均匀滴油杯　　　(c)油绳式油杯

图 7-1　油杯

图 7-2　油环润滑

(6)压力强制润滑。利用油泵、阀和管路等装置将油箱中的油以一定压力输送到多个摩擦部位润滑，即压力强制循环润滑。对于润滑点多而集中、负荷较大、转速较高的重要机械设备，如内燃机、机床主轴箱等，常采用这种润滑方法。

(7)油雾润滑。主要用于高速轴承、高速齿轮传动、导轨等的润滑。

2. 脂润滑的方法和润滑装置

润滑脂的加脂方式有人工加脂、脂杯加脂和集中润滑系统供脂等。对于单机设备上的轴承、链条等部位，润滑点不多时大多采用人工加脂和脂杯加脂。对于润滑点很多的大型设备、成套设备，如矿山机械、船舶机械和生产线，采用集中润滑系统。集中供脂装置一般由储脂罐、给脂泵、给脂管和分配器等部分组成。

7.2　机械的密封

7.2.1　密封的目的及要求

1. 密封的目的

密封是防止流体或固体微粒从相邻结合面间泄露，以及防止外界杂质如灰尘与水分等侵入机器设备内部的零部件的措施。

2. 密封的要求

对密封的基本要求是密封性好、安全可靠、寿命长，应力求结构紧凑、系统简单、制造维修方便、成本低廉，大多数密封件、易损件应保证互换性，实现标准化、系列化。

密封的目的在于阻止润滑剂和工作介质泄漏，防止灰尘、水分等杂物侵入机器。

密封分为静密封和动密封两大类。两零件结合面间没有相对运动的密封称为静密封，如减速器上、下箱体凸缘处的密封、轴承闷盖与轴承座端面的密封等。实现静密封的方法有：靠结合面加工平整并有一定宽度，加金属或非金属垫圈、密封胶等。动密封可分为往复动密封、旋转动密封和螺旋动密封。本书仅介绍旋转动密封。

旋转动密封可分为接触式和非接触式两类。

7.2.2 密封的种类及应用

1. 接触式密封

1) 毡圈密封

如图 7-3 所示，为标准化密封元件，毡圈内径略小于轴的直径。将毡圈装入轴承盖的梯形槽中，一起套在轴上，利用其弹性变形后对轴表面的压力，封住轴与轴承盖间的间隙装配前，毡圈应先放在黏度稍高的油中充分浸渍。毡圈密封结构简单，易于更换，成本较低，适用于轴线速度 $v<10\text{m/s}$、工作温度低于 125℃ 的轴上。常用于脂润滑轴承的密封，轴颈表面粗糙度 Ra 不大于 $0.8\mu\text{m}$。

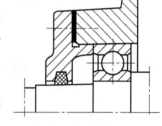

图 7-3 毡圈密封

2) 唇形密封圈密封

唇形密封圈（图 7-4(a)）一般由橡胶 1、金属骨架 2 和弹簧圈 3 组成。依靠唇部 4 自身的弹性和弹簧的压力压紧在轴上实现密封。唇口对着轴承安装的方向（图 7-4(b)）主要用于防止漏油；反向安装两个密封圈（图 7-4(c)）既可防止漏油又可防尘。

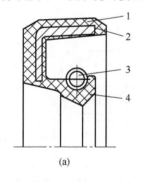
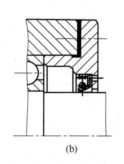
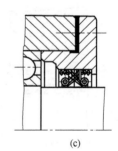

(a)   (b)   (c)

图 7-4 唇形密封圈密封

1-橡胶；2-金属骨架；3-弹簧圈；4-唇部

唇形密封圈密封效果好，易装拆，主要用于轴线速度 $v<20\text{m/s}$、工作温度<100℃ 的油润滑的密封。

拆装唇形密封圈时应注意：①唇口的朝向应正确；②将密封圈装入座内时，最好用压力机压入，或用锤子轻轻均匀敲打，使密封圈平行进入密封圈座中；③把轴擦干净，涂点润滑脂，再进行装配；④确保清洁和唇口无损。

3) 机械密封

如图 7-5 所示，动环 1 固定在轴上，随轴转动；静环 3 固定于轴承盖内。在液体压力弹簧 2 的压力作用下,动环与静环的端面紧密贴合,构成良好密封,故又称端面密封。

机械密封已标准化。机械密封具有密封性好、摩擦损耗小、工作寿命长和使用范围广等优点,用于高速、高压、高温、低温或强腐蚀条件下的转轴密封。

2. 非接触式密封

(1)缝隙沟槽密封。图 7-6 为缝隙沟槽密封结构。间隙 $\delta=0.1\sim0.3\mathrm{mm}$。为了提高密封效果,常在轴承盖孔内制有几个环形槽,并充满润滑脂。该种密封适用于干燥、清洁环境中脂润滑轴承的外密封。

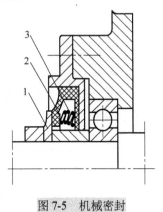

图 7-5 机械密封

1-动环;2-弹簧;3-静环

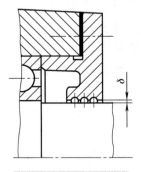

图 7-6 缝隙沟槽密封

(2)曲路密封。如图 7-7 所示,在轴承盖与轴套间形成曲折的缝隙,并在缝隙中充填润滑脂,形成曲路密封。这种密封无论是对油润滑还是对脂润滑,都十分可靠,且转速越高,密封效果越好。

密封方式可组合使用(图 7-8),以提高密封效果。

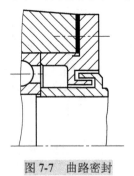

图 7-7 曲路密封

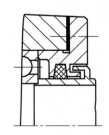

图 7-8 密封方式的组合使用

7.3 机械环保与安全防护常识

7.3.1 机械环保常识

1. 机械对环境的污染

环境污染物按性质可分为化学污染、物理污染和生物污染。部分机械产品在工作时会产生噪声等物理污染,使用过的润滑油、机油、金属切削液等发生泄露,会对环境产生化学污染。

2. 机械振动与噪声的抑制

(1)减振。采用减振措施可以有效地抑制与消除振动。在机械装置中,将振动源与机座间设置弹簧、弹簧片可以有效抑制噪声。如电冰箱压缩机、洗衣机甩干桶采用三根弹簧悬挂于机座上来减少振动,汽车采用弹簧钢板(图7-9)减少振动等。

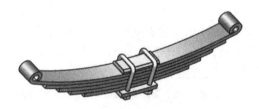

图 7-9 弹簧钢板

(2)减振沟。磨床、空气锤采用减振沟来相互隔离,减少振动、并消除相互影响。

(3)消声器。发动机在工作时会产生很大的噪声,加装消声器可以有效减少噪声干扰,常见发动机消声器如图7-10所示。

图 7-10 发动机消声器

(4)消除噪声源。采用电动机代替发动机,采用液压传动代替机械或气压传动,都可以从源头消除噪声。如电动自行车比摩托车噪声低很多。

(5)减少噪声干扰。大型空压机等噪声源单独设立在空气站机房中,与工作区间用管道相连;分体式空调器将噪声源设置于室外等都是减少噪声干扰的有效办法。

3. 机械三废的减少及回收

在机械生产中,难免会产生废气、废水与固体废弃物,合称三废。要采取有效的环保措施,减少三废。

(1)生产过程中注意防止泄露,采用切削液循环利用,铁屑有效回收,在机床上设置油盘,如图7-11所示。

图 7-11 车床油盘

(2)采用高效发动机,提高燃料利用率;不轻易使用丙酮、氯仿、氟利昂、汽油等挥发性清洗剂;不在生产区烧废弃物等都是减少废气的有效手段。

(3)三废又可称为"放在错误地点的原料",不能再使用的切削液、更换下来的机油、机械设备用过的电池应集中保存,送专业部门集中处理。将其回收利用,变废为宝。不可随意倒入下水道和随意丢弃。

7.3.2 机械安全防护常识

在加工和使用机械产品的过程中要防止人身伤害事故和机械产品非正常损坏事故,需采取相对应的防护措施以保证人身安全为前提条件、合理使用机械设备,可以从以下几方面入手。

(1)安全制度建设。根据行业特点和企业实际,建立相符合的安全制度。如机械加工厂规定:必须穿工作服上班、不留长辫子、不穿高跟鞋,不允许不戴手套操作旋转机床,车间配置安全检查员、交接班制度等都是安全制度。

(2)采取安全措施。为防止人身伤害,机械产品在自身制造和使用过程中应采取相应安全措施。

① 隔离。将运动的机械部件,带高温、高压的机械部件用防护罩隔离,如机床的防护罩也可将工作场地用围栏围起来,防止无关人员靠近。

② 警告。在危险部位设置警告牌、采用语音提示等方式,如车间"起重臂下严禁站人"等提示。

③ 保护。设置保护机构,在可能发生安全事故时停止机器工作,保护人身安全。如冲床的保护装置,在操作人员失误时冲床可以自动停止工作,起到保护操作工安全的作用。

④ 降低伤害程度。采取措施降低伤害程度。如在噪声巨大的加工车间佩戴耳罩,在灰尘严重的铸造车间戴口罩,在焊接时使用护目镜等。

⑤ 机械零件的表面处理。抛光、电镀、化学镀、发蓝等方法都能有效地起到防锈作用。常用的防锈方法如涂抹防锈油、油漆等也能起到防护作用。

⑥ 机械在生产、运输、工作中,也会受到环境中的腐蚀性气体、液体损伤,受到意外磕碰等伤害,应该采取防护措施。密封表面处理、加装防护罩、合理包装是常用的防护措施。

⑦ 为防止铁屑等进入传动系统,机床上广泛采用防护罩。图 7-12(a)为几种常见的机床用防护罩;图 7-12(b)为装好防护罩的机床。

(a)机床用防护罩

(b)装好防护罩的机床

图 7-12　机床防护罩

(3)合理包装。

① 对要求不高、不易损坏的机械,可以采取简易包装;体积小、轻质的机械产品或机械零件,可采用纸盒、瓦楞纸箱包装或塑料袋、塑料盒包装,如小螺钉、螺母、单个轴承等。

② 要求较高的机械产品采用木箱包装,包装箱要求防水防潮,内部敷设油毡或塑料膜,机械先用塑料罩包装,放入干燥剂后再装入包装箱;较重的机械还要考虑包装箱的强度,在吊装和运输过程中不至于损坏;包装箱要有明显标识,标明产品名称、重量、生产单位、放置要求等内容。

本 章 小 结

用于润滑、冷却和密封机械的摩擦部分的物质称为润滑剂。润滑油或润滑脂是最常用的润滑剂。黏度是润滑油最重要的性能指标，一般根据机械设备的工作条件、载荷和速度，先确定合适的黏度范围，再选择适当的润滑油品种。

密封的目的在于阻止润滑剂和工作介质泄漏，防止灰尘、水分等杂物侵入机器。密封分为静密封和动密封两大类。

机械的振动和噪声、润滑油的泄露等都会污染环境。机械中运转零部件多，应重视安全防护。

习 题

7-1 常用的润滑剂分为哪几种？各有哪些性能指标？

7-2 常用的润滑方法和装置有哪些？

7-3 "三废"指哪些废物？

7-4 密封的目的是什么？

参 考 文 献

栾学钢,赵玉奇,陈少斌,2010.机械基础(多学时).北京:高等教育出版社.
张旭东,2006.机械基础.长沙:国防科技大学出版社.
朱明松,2012.机械基础.北京:机械工业出版社.